JN081592

絹の襷（きぬのたすき）

富岡製糸場に受け継がれた情熱

稲葉なおと

慶應義塾大学出版会

絹の襷　富岡製糸場に受け継がれた情熱

目次

凡例

・引用文は本文より2字下げ、もしくは「　」『　』で括りました。
・引用文の旧漢字、旧仮名遣いは、可読性を高めるために適宜、新漢字、新仮名遣いに変更、句読点を補うなど修正を施しています。
・太陽暦へ改暦、明治6（1873）年以前の年月表記にある「月日」は、旧暦の月日で表記しています。
・年齢はすべて満年齢で表記しています。
・人名の敬称は略しています。

プロローグ　古武士

それは突然の電話だった。

ほかの部署から廻ってきた外線に、部下から「お願いします」といわれた。富岡市役所の企画部長、津金澤正洋（つがねざわまさひろ）は、出る前に電話口の相手を確認した。

「片倉工業の社長からだそうです」

受話器にのばした指先が固まった。

富岡市富岡一番地一。市の中心に広大な敷地とともに製糸場を保有する企業、片倉工業の社長から……。

にわかには信じられなかった。

なぜ一面識もない自分に――？

答えは見つからなかったが、保留のまま待たせるわけにはいかない。立ち上がり、大きく息を吸ってから受話器を持ち上げる。

「お電話替わりました」

部署名と名前を告げようとしたところで社長から問い掛けられた。

「私がこの電話でどれだけ待たされたか、把握されていますか？」

抑えた声だった。それだけに怒りの大きさが伝わり、身を刺される思いがした。

「申し訳ございません」

津金澤は受話器を持ったまま腰を折った。役所内をたらい回しにされたことは容易に想像できた。

社長がまた別の問い掛けをした。

「新聞に出た、女工哀史の記事、読まれましたか？」

女工哀史――。

いえ、まだ読んでおりません、と津金澤が正直に返すと、社長は記事の内容を簡潔に説明した。

「女工哀史」という言葉とともに語り継がれる、山本茂美によるノンフィクション『あゝ野麦峠』の舞台となった製糸工場が、富岡製糸場であるかのように書かれた記事が新聞に掲載されたというのだ。大竹しのぶ主演で映画にもなったその書籍は、不衛生な職場に粗食と過重労働で重い病に冒され、帰郷する途上にて亡くなる工女を描いたものだった。だがその舞台は富岡製糸場ではもちろんなく、長野県の工場を取材したものだった。片倉工業の、そしてその富岡工場の歴史を知る限り、そのような過去は存在しない。社長の憤りはもっともだった。

だが一方で、怒りの矛先がなぜ市役所に向けられているのかがわからなかった。社長はその理由についても説明を加えた。新聞社に問い合わせたところ、富岡市役所には事前に内容の確認をしたというのだ。事実に反する記事について市役所がお墨付きを与えていたということらしい。だがそれが市役所のどの部署の誰であるかは新聞社も語らず、直接市役所に電話で問い合わせたところ、廻されたのが津金澤の電話だったというのだ。

津金澤にはまったく身に覚えがないことだった。だが己の弁明をしている場合ではない。市として由々しき事態だ。富岡市を代表し、電話口で心から非礼を詫び、後日あらためて謝罪にうかがいたいとお願いをした上で電話を切った。

それにしても、あってはならない事実誤認の記述である。富岡製糸場の初代場長に就いた人物は、元はあの渋沢栄一の師として知られる教育者であり、自身の娘を工女第一号として雇い入れた人物でもある。その後の第三代及び第五代所長は、工女たちの労働環境のさらなる改善を図ったことで知られる。こうした工場経営者としての姿勢を片倉工業は受け継いでいる。

津金澤は、片倉工業という会社の歴史を思い起こすほどに、働く人たちへの思いやりの厚さを感じていた。従業員に対する理念というものが他の会社とはちがう。ただ単なる営利目的の会社ではないのだ。だからこそ、社長の怒りに、その悲しみに胸が痛む……。

後日などといっている場合ではなかった。津金澤は片倉工業に折り返しの電話を入れた。できれば明日、社長への取り次ぎをお願いし、同社の本社がある東京まで出向いてあらためて再度謝罪をしたいとお願いしたのだ。


東京、京橋。片倉工業本社ビル。

風格のある石張りの建物は、足もとも石の階段だった。

玄関扉の上には楕円形に浮き出た勇壮な石の彫刻がある。牡羊（おひつじ）の頭部を思わせるその大きな彫刻が、重々しい西洋建築に威厳を加えている。鋼鉄製の4枚の玄関扉の上の大きな欄間（らんま）窓には、漢字がひと文字ずつ記されていた。

「片」「倉」「工」「業」。

立ち止まらずに中へと足を踏み入れるだけでも勇気の要る建物だ。石の階段を一段、一段、踏みしめるたびに足が重くなる。

富岡市にとって富岡製糸場が、片倉工業という会社の存在が、どれだけ重要なものであるか、津金澤は深く理解しているつもりだ。

富岡の製糸場ではなく、製糸場の富岡なのだ。

その自分が、まさかその製糸場を経営する会社に、謝罪を目的に初めて足を踏み入れることになるとは思いもしなかった。

任重くして道遠し。

富岡を出てから何度となく思い起こした論語の一節が、また頭にゆらゆらと浮かんでいた。

エレベーターの扉は蛇腹（じゃばら）式で、閉めるとカシャンと乾いた音がした。6階のボタンを押す。動き出した途端、膝の力が床下へと吸い込まれていくような気がした。

6階では案内の女性に従って歩きながら腕時計にちらりと目をやる。約束の10分前だ。通されたのは応接室だった。入った途端、壁にある額装された錦絵が目に飛び込んできた。

長谷川竹葉が操業開始4年後の明治9年に描いた錦絵「上州富岡製絲場」だ。製糸場の遙か遠くには浅間山が微かな噴煙をあげている。

見るうちに伝わってきた。この会社にとって富岡製糸場は数ある工場の中でも特別な存在なのだ。誇り、そのものなのだ。

部屋の中は外部の音がいっさい遮断されていた。津金澤は立ったまま、前に組んだ手のひらをただ強く握りしめていた。

ノックの音に身を硬くする。

扉が開き、背筋のすっと伸びた小柄な紳士が、もうひとりの男性を伴い入室した。

七三に分けられた銀髪。細い鼈甲の縁の眼鏡。顔は写真でも拝見したことはなかったが、漂わせる古武士然とした雰囲気から社長だと察した。

「このたびは誠に申し訳ございませんでした」

津金澤は腰を折り、自分のつま先を見つめた。

お会いすれば、昨日の電話口以上の叱責を浴びせられることは覚悟の上だった。だが社長は静かな声で席に着くように促した。

急いで名刺を取り出し、両手で差し出す。

社長が紙面にちらりと目をやった。

市役所を代表しての謝罪なのだ。一介の部長がのこのことひとりで来たことに、皮肉のひとつでも言われるのは覚悟していた。

だが社長は自分の名刺を差し出すだけで、何も触れなかった。名刺交換でこれほど厳かな気持ちになったのは、社会人になって初めての体験だった。いただいた名刺には、紛れもなくその人の肩書きと名前が印刷されていた。

『片倉工業株式会社　代表取締役社長　柳澤晴夫』

付き添う男性とも名刺を交わす。管財課長とあった。

何度となく新聞紙上でその名を目にしていた人物が、まさに今、目の前に座っていた。ソファにかけながらも背筋は伸び、端然と座す。

「私は社員に対して常々、信義にもとるようなことをしてはいけないと申しています」

すっと見事に斬り込まれた気がした。

「我が社は社訓においてもその第一条に、常に誠心誠意をもって事にあたるということを掲げています」

静かな声に奥歯を嚙む。

「そして、昔があるから今があるのだということもです。信頼は昔から何十年も掛けて築き上げるものですが、その信頼を踏みにじるのは一瞬のことです」

おっしゃる通りです。津金澤は口に出しつつ立ち上がり、もう一度深々と頭を下げた。

「どうぞお坐りください」

声を荒らげ叱責されるほうがどれほどましだろう。

「富岡製糸場は官営の頃から、働く女性の職場環境、そして教育にも力を注いで参りました。それは弊社が受け継いでからも同様です」

もちろん存じ上げていることばかりだ。だが軽々しく、知っていますなどとは口に出せない。

本当に申し訳ございません。今度は坐ったまま頭を下げた。

昨日、社長からの電話のあと、津金澤は役所内で考えられる部署にはすべて問い合わせてみた。けれども新聞社の窓口になった部署がどこであるのか、いったい誰が軽はずみな対応をしたのかは摑めなかった。

二度とこのようなことが起きないように徹底いたします、というしかなかった。ところが……。

津金澤はまたもや柳澤から咎められることになる。

*

その日、津金澤のもとに名指しで電話が入った。

柳澤晴夫からだった。

電話口の柳澤の声は、離れて坐るほかの職員の耳にも届くほどだった。

怒りの原因は、またもや市による不誠実な対応だった。

ＪＲ各社は毎年、各地の自治体や旅行会社などと協力し、地域の新たな魅力を発信し誘客する国内最大級の観光企画・ディスティネーションキャンペーンを展開していた。その企画が、ＪＲ東日本グループとともに群馬県で開催されることが決まった。

群馬県とJR東日本は観光関係団体にも協力を仰ぎ、「緑と風のシンフォニー　ほのぼの群馬」をキャッチフレーズに、自然と文化にあふれた群馬県ならではの観光資源をアピールする概要をまとめた。県内の56市町村にもさまざまな催しの企画が依頼された。富岡市からは、小学校の教科書にも紹介され、県民だけでなく国民にも認知度が高い富岡製糸場を観光の拠点とする企画が提案された。

提案は市から県へ、JR東日本へと伝わり打ち合わせが進む。ところがキャンペーンの重要な舞台として想定されている富岡製糸場の持ち主には、相談も打診もされていなかったのだ。そしてこの情報が、県からでも市からでもなく、新聞社から片倉工業に洩れ伝わる。

津金澤はキャンペーンの市の窓口でも責任者でもなかった。だが柳澤からの電話は、津金澤を、と名指しだった。電話口で詫びつつ、すぐに約束を取りつけ、再び東京へ向かったのだ。

まさか同じ部屋に、一度ならず二度までも、謝罪のために馳せ参じることになるとは思いもしなかった。

津金澤は市役所内で把握したキャンペーンの概要を柳澤に伝えるとともに、あらためて担当の部署から片倉工業に謝罪と報告を申し上げますと深く陳謝した。

「富岡市役所では、意思疎通がまったくできていないのではありませんか?」

柳澤からの問いかけに、そうかもしれません、という言葉が喉元までせり上がる。もちろん声には出せない。申し訳ございません、と詫びるしかなかった。

「前にもそう感じたことがありました」

前にも？　女工哀史の一件とはまた別に、ということだろうか……？

「私は以前、市長に事前に約束をいただいて市役所までうかがったことがあるんですよ」

「社長ご自身がですか？」

思いのほか大きな声が出てしまった。

柳澤がうなずく。

初めて聞く意外な話だった。片倉工業の社長が東京から富岡までわざわざ足を運んでくださったという話など、聞いたことがなかった。

「約束の時間の少し前にうかがったところ、職員の方から、市長はいま、何かの勉強会に出席されているといわれましてね、私は廊下の椅子でお待ちしていました」

「廊下の椅子で……ですか」

「はい」

信じられない。なんという非礼。

自分が柳澤と同じ市役所内に居たと思うと、いたたまれない気持ちになる。

「ところが約束の時間になっても、いっこうに声がかかりません」

津金澤は思いもしない展開に、膝の上の拳を握りしめる。わざわざ富岡まで出向いた片倉工業の社長を、ただただ廊下で待たせ続けたというのか。

「今でもよく覚えています。何度も時計を見ましたから」

「……」

「私は1時間42分待たされました」

聞いた途端に目をむいた。

1時間42分――。

本当ですか？　という言葉をどうにか呑み込む。

「さすがに私も次の予定がありましたので、案内された方をこちらからお呼びしました。そうしましたら、市長はすでに別の約束先に向けて出られたということでした」

もう何も出なかった。

わざわざ東京から富岡まで約束の時間に出向いた社長を、2時間近くも待たせた上に、その約束を断りもなく反故(ほご)にしたというのだ。

重ねがさね、申し訳ございません、と腰を折る。身が縮む思いになりながら、津金澤は心の隅で、なぜそのような事態が起きたのかを考えた。

東京からわざわざ足を運んでくださった社長との約束を、市長がなんの断りもなく無視するというのはさすがにあり得ない。であれば、考えられるのは、市長自身は社長との約束そのものを知らなかったのではないだろうか。社長からの連絡を受け、市長との約束を設定した職員の誰かが、そもそもその約束を市長に伝えていなかったのではないか。柳澤が指摘したように、意思疎通の欠落のために……。

「あなたを責めているわけではありません」

促されて、ゆるゆると腰を下ろす。

「先般の新聞記事の件だけでなく、今回のキャンペーンの件だけでなく、弊社とすれば富岡市の度重なる対応に疑問を感じざるを得ないということを申し上げたまでです」

信義にもとるようなことはしてはいけない。

常に誠心誠意をもって事にあたるように。

社員に常日頃から話している社長からすれば、市が重ねてきた、あまりにも不誠実な対応だった。

「私は富岡工場の宿直室で、寝泊まりしたことがあるんですよ」

切り出された意外な話に、津金澤は背筋を伸ばす。

「管財課に在職していた時に、延べで何十日になるか、もう数えられないほど」

津金澤は鼻の奥に、もう何年も忘れていた匂いが甦るのを感じつつ、栁澤の話に集中した。

「広い敷地を見回って、建物内も見回って、防火と雨漏りや機械の不具合などによる施設の保全の点検を終えてから、布団に入るんです。それでも、すぐには寝つけません。点検に落ち度がなかったか、頭の中でもう一度思い返しながら、目は天井に注がれています。私は今でも、あの部屋の天井板が何枚で、どこの節穴が抜けているのかも覚えています。あの工場については、社内の誰よりも私は熟知しています」

まるで学生時代の思い出が詰まった校舎について語るような、優しい口調だった。

「あの建物は明治政府が国民のために造り上げた、いわば国民の財産ですから。私は一度たりともそのことを軽視したことはございません」

口には出さない意味が痛いほど伝わってくる。

富岡製糸場については、社内はもとより社外も含め、誰よりも熟知している。それだけの敬意を払っている。所有する会社の、そうした者に断りもなく、その利用の計画を進めるとはどういうことなのか。国民の財産を軽視するにもほどがある。社長はそう言いたいのだ。

津金澤は何度も頭を下げながら、自分も若い頃に、富岡製糸場の貯蔵庫に寝泊まりしたことを思い出していた。

繭（まゆ）ならではの独特の、あの匂い。

まさか社長にまで昇りつめた人が、似た体験をしているとは思いもしなかった。

目の前の人が急に身近に感じられた。だが気を緩めてはいけない。津金澤は自分に言い聞かせた。

過（あやま）ちを改めざる、これを過ちという。

柳澤晴夫の言葉を一語一句聞き逃すまいと耳をかたむけた。

第1章

一人四役

上州富岡駅に降り立つ。

9月も後半とは思えない陽射しに目を細める。富岡製糸場までは歩いて15分ほどだが、この暑さはけっこうこたえそうだ。

改札を出ると、思い描いていたものとは異なる穏やかな空気が漂っていた。雲ひとつない青空がことさら広く感じてしまうような情景だった。驚いたことに、富岡製糸場へと向かう通りへと足を向けたのは私ひとりだ。想像していた賑わいはどこにあるのだろうと、その始まりを探すような気持ちで私は目的の建築へと歩き始めた。


平成26(2014)年6月21日。富岡製糸場は世界に誇れる栄誉を得た。

世界遺産登録。

新聞各紙は、群馬県民が、富岡市民が、そしてかつて工場を所有していた企業・片倉工業がひとつになり、そのゴールに向かって走り続けたと報じた。多くの関係者が、県民が、市民が、目指す目的に賛同し、協力して突き進んだ結果、かち得た登録であると。

　記事によれば、当時の群馬県知事が、世界遺産登録を目指すと公表したのは登録獲得の11年前。そして製糸場は、知事による公表のさらに16年前から操業を休止し、閉鎖され続けていた。

　富岡製糸場は広大な敷地に、明治初期以降に建てられた約１２０もの建造物と工作物が並ぶ。所有していた企業、片倉工業は稼働していない工場のために、固定資産税、管理のための人件費、修繕費など年間約1億円もの支出を続けたと新聞は報じた。

　こうした事実を知るうちに、私の頭にはいくつもの問いが生まれていた。

　工場が稼働を停止した時、そしてその後、世界遺産という目標が見えるまでの16年もの間、富岡市民の様子はどのようなものだったのだろう。

　企業が保有する一工場が閉鎖しようと、多くは無関心だったのだろうか。

　その期間においても、群馬県と富岡市、片倉工業の三者の関係は良好だったのだろうか。

　その時期の片倉工業の経営状況はどうだったのだろう。毎年かさむ莫大な費用負担など気にならないほど、経営的には余裕があったのだろうか。

　知りたいことが次々と浮かぶ中で、私の関心は、世界遺産登録を機に注目を浴びたひとりの人物へと向けられた。

　操業休止から世界遺産という目標が掲げられるまでの16年間、稼働を止めた工場を保存するようにと指示を出し続けた人。

　片倉工業の元社長。柳澤晴夫。

毎年高額な支出を余儀なくされる工場施設を、柳澤はなぜ再利用せずに保存し続けたのだろう。その真意をぜひとも知りたいと思ったのだ。

会ったこともない人の心情を知りたいなど、無謀な望みであることは重々承知している。ましてやそれは、当人でさえ簡潔には言葉にできないような、胸の奥底に沈んでいるものかもしれないのだ。それでもぜひ知りたいと思ったのは、私自身が何年も考え続けている課題に対する答えが、その人の中にあるかもしれないと感じたからだ。

私は建築家を志していた学生時代から、自分が美しいと思う建築を訪れ、その空間に浸るのを楽しみにしていた。外観を隅々まで観賞し、内部へと歩を進め、部屋から部屋へと歩いては、次々と幕を開ける情景が、人の心を揺さぶるだけの力を持つことを教えられた。ところが何年か経って、揺るぎない力を持つその建築を再訪しようとすると、再開発によってしばらく前に解体されたと知り、愕然とすることが繰り返されるようになった。壊され、撤去されてしまったものの中には、建築界から高く評価され日本建築学会賞を受賞した作品も含まれていた。一軒、また一軒、美しい作品がこの世から消えてしまったと知らされ、何度もがっかりするうちに考えるようになっていた。

建築が永く存続できるだけの価値とは、果たしてなんなのだろう……。

そこに聞こえてきたのが富岡製糸場のニュースだった。建築の受賞歴などなにもない。稼働もせず、工場としての用も成していない。にもかかわらず10年が経過し、15年が過ぎてもなお、壊しもせず、維持と保存に努めた、所有する企業の社長がいたというのだ。興味をひかれずにはいられなかった。

その人、柳澤晴夫はいったいどのような思いから決意し、何年もの間その志を貫けたのだろう。富岡市の何代か前の元市長・広木康二が新聞の取材に応じて語っていた。柳澤晴夫と面談した際に、「誰にも売りません、貸しません、壊しません」と言い切ったというのだ。

ほかの新聞も、柳澤社長の指示のもと、片倉工業は「売らない、貸さない、壊さない」の三原則を掲げて維持管理に努めたと書いていた。そのおかげで世界遺産という栄誉を手に入れることができたと各紙は柳澤晴夫の姿勢と功績を褒め称えた。

なぜそこまでして柳澤は、売らず、貸さず、壊さずにこだわったのだろう……。

どうにかして知ることができないものだろうかと考えていた、その折のことだ。願ってもない依頼が、大手製薬会社社会報誌の編集長から届いた。

世界遺産に登録された富岡製糸場について、巻頭にて写真付きの大特集を組みたい。そこで一般の人にもわかりやすくその魅力が伝わるような文章と写真をお願いしたいというのだ。

胸にある問いに自分なりの答えを導き出すには、またとない機会だ。

私は富岡製糸場の現在の所有者である富岡市と、かつての所有者である片倉工業の両方に取材を申し入れた。まずはこれだけの建物群を保存するための作業の内容、つまり16年間の管理と修繕工事の内容について知ることから始めようと考えたのだ。

だが、すぐに壁にぶつかった。

柳澤晴夫が相談役を最後に退任したのは、13年も前だった。片倉工業からの回答は、柳澤を知る人も退職もしくは亡くなっているというのだ。柳澤の次の社長も、そのまた次の社長もすでに他界していた。工場が操業停止してからもう30年近くが経過しており、当時の管理と修繕工事について語れる者もいないというのだ。

私は取材の方針をゆるやかに変換した。当時のことを語れる人を探すのは継続しつつ、今現在、これだけの建物群を保存するために、どのような管理と修繕工事を施しているのか、現状の把握も合わせて進めることにしたのだ。

何日かして富岡市役所から連絡が入った。明治の創立期に建てられた建物の屋根補修工事が近々あるというのだ。

私は〝柳澤晴夫〟の名を頭の隅に置きながら、まずは現地へ向かうことにした——。

*

道の左右には、日本国中どこにでも見られるような田舎の街並みが続く。オムライスやラーメンの見本がガラスショーケースにある昔ながらの食堂の先には、平屋や二階建ての古い木造の建物が並ぶ。写真屋。肥料販売店。会計事務所。鍼灸院。古いといっても江戸や明治期の味わい深い建物が軒を連ねる風景ではない。昭和と平成がごちゃまぜになった、これといって特徴のない通りだ。観光地らしい土産物屋は見当たらない。世界遺産登録を果たした貴重な建造物の街といった特別感はどこにも見つけられなかった。ひと言でいえば、普通なのだ。

3カ月前の新聞とテレビによる連日の報道から、私の目には世界遺産に湧く市民と観光客でごった返す写真と映像が焼き付いていた。そのせいで改札の先には人ごみで賑わう人気の観光地らしい光景が広がるものと思い込んでいた。

公表された年間の来場者数からしても、一日何千人もの人が訪れている計算になる。もしかしたらそれはすべて自家用車もしくは観光バスでの来場なのかもしれない。

そんなことを考えつつ歩いていくと、やがて富岡製糸場へとつながる、幅はそれほど広くない通りへとさしかかった。ようやく土産物屋や観光客相手のカフェが並ぶ街並みになる。歩きながら、軒先に掲げられた「上州名物」や「富岡名物」と書かれたノボリや看板が目に入る。その下の文字は「和風絹」のしゅうまいや「シルク」のどらやきだ。ギョッとするほど本物に似た、桑の葉と蚕(かいこ)の「お蚕様」チョコレートもある。富岡は口にするものまで絹の街のようだ。

やがて道の突き当たりにそびえる建物の前まで来ていた。

門の先、「入口」と書かれた立札のところで私の足は止まった。

赤い煉瓦(れんが)の壁面に、灰色に塗られた太い木の柱と、灰色の大きな板戸が規則正しく並ぶ。「東置繭所(ひがしおきまゆしょ)」という名前の建物だ。現代のマンションであれば4階建てに相当する高さになる。その外壁が左右に100メートル以上続くのだ。元の用途は貯蔵庫だが、安普請(やすぶしん)ではまったくない。それどころか知的な気品を漂せた建物だった。

ヨーロッパのどこか片田舎にある、歴史ある工科大学にでも迷い込んだような気がした。貯蔵庫が、私の目には実験棟のように映るのだ。駅前からこの街に漂う〝普通感〟のせいで、初対面の感動が倍加されたように思えた。

なんの予備知識もなく、大正時代に著名な建築家によって設計されましたと説明されたら、そうなんですねと納得してしまいそうだ。昭和初期のものですと言われても、そうなのかと思うかもしれない。歴史ある建物ならではの威厳はあるが、古びた感じはしない。どこか新しささえ感じてしまう。

だが、ちがう。江戸幕府が倒れてからたった5年しか経っていない時代に建てられた工場のための貯蔵庫だ。ちょんまげに法被姿の男たちが、日本髪で袴に襷掛けの少女たちが日々行き交っていたのだ。

私は立ち尽くしながら、以前に読んだ、16歳の少女が明治に書き残した日記を思い出していた。この富岡製糸場が操業を開始した翌年、明治6（1873）年に工女として働き始めたその少女、和田英（わだえい）は日記の中で「驚き」という文字を三度も繰り返し記していた。

富岡に訪れ、まず想像していた情景とは異なる町の様子に、

「城下と申すは名のみにて、村落のような る有り様には実に驚き」

巨大な製糸場を目の当たりにして、

「実に夢かと思いますほど驚き」

そして建物の内部を、

「一目見ました時の驚きはとても筆にも言葉にも尽くされません」というように。

村落の情景に突如として出現した巨大な工場建物群に明治の人々は、今の私とは比べものにならないほどの驚嘆を覚えたのだ。夢ではないかと思うほどに。

建物の中央付近にはアーチ型のトンネル状通路があり、半円形の頂部にはひときわ大きい灰色の

石が、赤い煉瓦の壁から浮き上がる。キーストーンと呼ばれる、アーチを造る際に最後に設置する楔石（くさびいし）だ。そこには四つの文字がくっきりと刻まれていた。

『明治五年』

百年経とうが二百年経とうが、明治5（1872）年からこの建物群は存在し続けているんですよ――。

建てた者の主張する声が聞こえてくるようだ。

富岡製糸場は小学校の教科書で存在は知っていた。だが紹介が写真ではなく錦絵だったことから、現存はしていない昔の建物と私は思い込んでいた。それが実在すると知ったのは、大学の建築学科で学ぶようになってからのことだ。だが卒業以来、これまで訪ねていなかったのは、正直にいえば、この工場建築の設計にそれほど魅力を感じていなかったからだ。

富岡製糸場は、繭などの貯蔵庫や、製糸の器械が並ぶ繰糸所（そうし）、蒸気窯や従業員のための宿泊施設などの建物群であって、どれも意匠を凝らしたものではない。貴重なのは明治5（1872）年に竣工したのち、150年近く経ってもほぼ建設当時のままの姿で現存することであって、設計そのものに魅力があるわけではない。私はそう考えていた。

だがその認識を、この建築を軽く考えていたことを深く反省した。たとえ設計者が無名であっても、とても美しいと思ったからだ。

やはり建築は自分の目で、身体で、実感してこそ人に語れる。そんな当たり前のことをあらためて教えられながら、私は足を前に進めた。

*

世界遺産として登録された「富岡製糸場と絹産業遺産群」は四つの構成資産から成る。

・伝統的な養蚕技術を示す場所の「田島弥平旧宅」
・日本全国からだけでなく海外からも人材を受け入れながら技術指導した養蚕教育施設「高山社跡」
・蚕の卵・蚕種を冷蔵保存して養蚕を一年中可能にした場所である「荒船風穴」
・西洋からの最新技術を持ち込んだ日本初の機械化製糸場である「富岡製糸場」

いずれも技術革新が行われた重要な場所であり、これら四つをもって生糸の生産過程をすべて表現できるという構成資産だった。中でも注目を浴び、観光客を一気に呼び寄せることになったのが、明治政府が官営、つまり政府が経営する模範となる器械製糸場として設立した富岡製糸場だった。

富岡製糸場は明治政府主導で建てられながら、建築史において名を残したような建築家に設計を依頼したものではない。そもそも明治初期には、日本に「建築家」という職業はまだ存在していなかった。建築家の卵となる学生たちが工部大学校造家学科（現・東京大学工学部建築学科）を卒業するのは、製糸場が竣工してから7年後の明治12（1879）年になる。幕末や明治初期、日本各地に建てられた西洋の意匠や技術を取り入れた建築は、幕府や明治政府が欧米諸国から招いた「お雇い外国人」と呼ばれた技術者や、西洋の建築を見様見真似で設計した大工たちによるものだった。富岡製糸場もお雇い外国人がふたり、設計に関与していた。だがふたりはいずれも建築の専門家ではなかった。

フランス人の生糸技術者が工場の概要を企画、それを親しい友人でもあった同国人の技師に設計を依頼し図面化したのだ。図面化した技師は幕府からの依頼で来日した、元は造船工学と造船技術の専門家だった。ところがその造船技師が設計した富岡製糸場の建物群の観賞に、年間100万を超える人が押し寄せるようになった。

平成19（2007）年1月に、ユネスコ世界遺産暫定リストに記載されたというニュースが流れて以来、来場者は目に見えて増加した。平成25（2013）年1月にユネスコに推薦書を提出するとその勢いはさらに高まり、年間の来場者数は約31万人にのぼった。年が明けると、その数は見る間に加速。いよいよ世界遺産登録となり、見学に訪れる人は前年の3倍となる100万人を軽く超える見通しなのだ。地方の街に建つ、工場や倉庫の見学にそれだけの人が訪れるのは異例なことだ。富岡市役所の管轄となる現地事務所に取材と撮影を申し入れたところ、平日に、と指定されたのは当然のことだった。

＊

門の先の左手、事務所として使われている建物に赴き、製糸場を管理する富岡市役所富岡製糸場課の課長、係長に挨拶を済ませる。屋根の修繕の難しさなどについて、工事を進めている職人に話をうかがいたい。取材の趣旨は事前に伝えてあった。

「ではさっそく、屋根に上られますか?」

　係長からの問いかけに、その前に一度敷地内を見学させてください、とお願いした。撮影のために自分なりのイメージや撮影ポイントを探しておきたかった。私は、小一時間で戻りますからと伝え、事務所を出た。

　巨大な煉瓦の壁に見えてしまうほどの貯蔵庫の外壁を、もう一度まじまじと眺める。

なんとも美しいプロポーションだ。

　赤い煉瓦の壁面に、灰色に塗られた太い木の柱と梁（はり）、やや明るい灰色の板戸が規則正しく並ぶ。外壁の要素はとてもシンプルだ。だが戸の大きさとその間隔、柱と梁の太さと外壁に走る位置、そして戸、柱、梁によって分断された赤煉瓦の壁面が、絶妙な比率で構成されている。

　太い柱が床と瓦屋根を支え、木の骨組みの間に、煉瓦はただ詰めものとして使われている。そう知っていても、煉瓦の存在感は圧倒的だった。最新の技術を反映した洋風建築と日本の伝統建築の融合。西洋にも、日本においても、ここだけにしかない建築であると自ら主張しているようだ。

　いくら見ていても飽きない外観だ。威風と気品を合わせ持っている。まずは全体を把握しようと歩を進めた。

　中央のトンネル状通路を抜けると中庭を挟んでもう一棟、東置繭所と同じ形状、同じ規模の建築が見える。西置繭所（にしおきまゆしょ）だ。東の貯蔵庫、西の貯蔵庫はともに高さは約15メートル、幅が約１０４メー

トルある。それだけ幅のある建築の全貌を、余裕で眺められるだけ離れていることに、敷地の広さをあらためて実感した。キャンパスにある広いグラウンド越しに、また別の実験棟を眺めている気分だ。

東の貯蔵庫と西の貯蔵庫の間、左手には乾燥場などの建築が並び、そこから空を突き刺すように煙突が1本立っている。高さ約40メートルの鉄筋コンクリート製の煙突は四代目だが、開業当初の明治の鉄製煙突と高さはほぼ同じだ。その先から煙が出ていないのが不思議なほど、どの建築も活き活きと私の眼には映る。

それだけ修繕と管理が行き届いているのだ。

稼働を休止してから世界遺産を目指すことになるまでの16年間、さらに富岡市に所有権がわたるまでの2年間を加えれば計18年もの間、閉鎖されていた工場とはとても思えなかった。建物は使わなければ傷まないわけではない。むしろ、使われていないほうが老朽化は加速する。にもかかわらず、朽ちた感が漂っていないのは、手入れが行き届いていた証だった。

日々、月々、さらに年々、どれだけの人数を投入して修繕と管理に当たらせていたのだろうか。あらためてかつての社長、柳澤晴夫への敬意が込み上げる。

撮影のアングルを考えながら西置繭所の外構を一周し、東置繭所のアーチを再び通り抜け、富岡製糸場の要ともいえる繰糸所へと歩いた。数本の繭糸をより合わせ生糸をつくる器械式の工場が繰糸所だ。

まずは外観を眺める。太い柱が立ち、その合間を煉瓦が埋める構造は東と西の貯蔵庫と同じだが、

異なるのは、壁面積の半分以上をガラス窓が占めていることだ。繰糸に必要となる細かな作業には明るさが求められる。けれども建設当時の日本には電灯がなかったため、自然光を最大限取り入れた設計になっていた。建築に必要とされる要望が、ここでは建てるための特殊な構造技術とともに意匠に反映されているのだ。

中を確認する。高さは約12メートル。マンションなら三階建てになる高さだが、ここは吹き抜けの1階建てだ。

たしかに明るい。ずらりと並んだ器械は今にも動き出しそうだ。

ここに並ぶ器械は操業停止した昭和期の国産の器械だ。明治期の創業時にフランスから輸入されたものではない。それでも私の目には、操業開始間もない明治の情景が浮かんでいた。

人力でなく蒸気機関が繰り糸機を動かし、ボイラーから送られた蒸気が繭から糸を取るために鍋をぐつぐつと煮る様子が見えるようだ。江戸時代の終焉からわずか5年の時代に、東京でも横浜でもない地方の町に出現した大工場なのだ。名勝でもないのに数多くの錦絵が描かれたことが、人々の心情を物語っている。誰もが瞠目(どうもく)したのだ。

差し込む光に誘われるように屋根裏を見上げる。巨大な空間を実現するための白く塗られた木材が、無数の三角形を描いていた。西洋式の構造、トラス構造を担う白塗りの資材こそが、光を浴びたこの建築の主役に見えた。

構造材の合間から陽が斜めに差し込み、その光を待っていたかのように器械が稼働し始め、工女たちの作業が始まる。そんな想像をかき立てられる。

私は明治の情景へと思いを馳せ、ひとり胸を高揚させながら、次の建築へ、またその隣の建築へと歩を進めた。撮り残しておきたいポイントのあまりの多さに、予想もしていなかった感激が胸に広がっていた。

事務所に戻り、係長から来客用のヘルメットを借りた。

仮設の階段を上ると、職人がふたり、屋根瓦を敷く作業を進めていた。軽く挨拶を交わし、黙ってその様子を観察する。手際の良さに感心しながらまた、明治の時代を想像してしまう。

ざっと見学した巨大な東と西の貯蔵庫も繰糸所も、他の建築も、屋根は瓦葺きだった。中規模なこの建築の屋根の一部を葺き替えるだけでも、これだけの手間と時間が掛かるのだ。新築の際に製糸場のすべての建築に瓦を葺く手間を考えると、その工程だけで1年を超えてしまうような凄(すさ)まじい作業量に思えた。

職人のふたりが手を休める、ちょっとした合間に私は声をかけた。

15時の休憩時間に、できたらこれまでの修繕工事について、どんな流れで施工されてきているのか、話をうかがいたい。そう話すとひとりが、自分たちは請け負った工事を指示に従ってやっているだけだから、そういうことなら元請けの建設会社のほうが詳しいよ、というのだ。

なるほど。そうかもしれない。私はしばらく彼らの作業を見守り、写真を撮ってから屋根を下りた。係長に話の流れを報告すると、たしかにそうですね、といって携帯電話で連絡を入れてくれた。すると、施工会社の課長がちょうど近くにいるので、すぐにこちらに来てくれるという。その会社は群馬県を地盤に歴史的建造物の修復工事でも実績のある総合建設の会社ということだった。

係長の言葉通り、建設会社の課長は10分もしないうちに製糸場まで来てくれた。名刺交換をしてから、あらためて取材の趣旨を私の口から説明する。すると、製糸場についての取材ならうちで一番詳しい人がいるので、その人に話を聞くのがよいでしょう、というのだ。そのまま会社まで案内してもらえることになった。

応接室に通され、ソファに腰を下ろし、深く息をつく。

上州富岡駅に降り立ち、どこか緩慢な空気の中でのんびりと始まった取材だった。それがどうだろう。気がついたらこの部屋に運ばれてきてしまったという感じだ。まったく予定もしていなかった場所に、約束もしていない見ず知らずの人にこれから会う。まるで何かに引き寄せられているかのようだ――。

ノックの音に、私は物思いから覚める。事務服の女性がお茶を運んでくれた。女性社員と入れ違いに部屋に入ってきたのは、ひょろりという言葉が似合う細身で背が高いスーツ姿の男性だった。六十代だろうか。銀縁の眼鏡の上を太い眉が緩やかに八の字を描く。温和な笑顔のその人と名刺を交わす。

『タルヤ建設株式会社　監査役　今井清二郎（いまいせいじろう）』

そう書かれていた。

「一級建築士なんですね」

監査役の今井が私の名刺に書かれた文字に目をやりながら口にした。不躾に取材に訪れた者の専

門が建築ということで、関心を持ってくれたようだ。私はまず今回の取材の趣旨を説明し、訊ねられるままに、富岡に訪れるまでに目を通した新聞や雑誌の記事、書籍についても答えていた。

「建築の維持や保全に注目されるのでしたら」今井が口にする。

「昭和62年3月に、当時の持ち主である片倉工業さんが製糸場の操業を停止してから平成17年の9月30日に富岡市に寄贈されるまでの18年半に光を当てられたらどうですか?」

不意の提案に戸惑いながら、私は感心する。

操業停止や企業から市への譲渡について、その年号だけでなく日付まですらすらと口にされたからだ。課長が「うちで一番詳しい人」と言っていたことを思い出していた。

＊

富岡製糸場は、その操業開始から世界遺産登録に至るまで、施設所有者とその操業の状況から、大きく8つの時期に分けることができる。

明治5（1872）年に最初の建物群が完成し、官営工場として操業を開始（第1期）。

21年後には、払い下げにより三井家の所有となる（第2期）。

さらにその9年後には、原合名会社の所有となり（第3期）、36年後には片倉製糸紡績、のちの片倉工業の所有となった（第4期）。

戦時期（第5期）を経て、再び片倉工業の元に所有は移る（第6期）。

だが昭和62（1987）年には操業を停止、工場としては稼働しないまま建物が保存される日々を送る（第7期）。

そして平成17（2005）年には富岡市へ寄贈（無償譲渡）された。

一般には富岡製糸場と呼ばれる建築の名称も、それぞれの時期ごとに変化する。

期	期名・時期	所有者	工場の正式名称
第1期	官営期		
	明治5（1872）年〜	明治政府	富岡製糸場
	明治9（1876）年〜	同右	富岡製糸所
第2期	三井期		
	明治26（1893）年〜	三井家	同右
第3期	原合名期		
	明治35（1902）年〜	原合名会社	原富岡製糸所
第4期	第一片倉期		
	昭和13（1938）年〜	（株）富岡製糸所	（株）富岡製糸所
	昭和14（1939）年〜	片倉製糸紡績（株）	片倉製糸紡績（株）富岡製糸所
	昭和17（1942）年〜	同右	片倉製糸紡績（株）富岡工場
第5期	戦時期		
	昭和18（1943）年〜	日本蚕糸製造（株）	日本蚕糸製造（株）富岡工場
第6期	第二片倉期		
	昭和21（1946）年〜	片倉工業（株）	片倉工業（株）富岡工場
第7期	第三片倉期・操業停止期間		

第8期	昭和62（1987）年～	同右	片倉工業（株）富岡管理事務所
	富岡市期 平成17（2005）年～	富岡市	旧富岡製糸場

私の視線は当初、操業停止後、市への寄贈までの第7期に向けられていた。当時の社長、柳澤晴夫の内面を推察するためには、まずはその期間の製糸場の実態を把握しておきたいと思ったのだ。だが取材を始めて間もなく、所有権が片倉工業から富岡市に移されたのちの、第8期の様子を知ることから始めようと方針を切り替えた。まずは修繕工事に当たる職人から話を聞く。屋根の修繕から始め、次は塗装、次は大工と、最近の工事内容を当事者から聞きつつ、工事の履歴を過去にさかのぼれたらという計画だった。

ところが約束もないまま話をうかがうことになった人からの助言は、私が当初着目した第7期を掘り下げてみては、というものだった。

実は、と私は切り出す。富岡を訪ねる前の片倉工業とのやり取りの概要を説明した。修繕工事についてはまとまった資料がなく、当時のことを知る社員も退社もしくは亡くなってしまっているというものだった。

「そうでしたか。片倉工業さんはそうおっしゃいましたか」

私はその口ぶりに、微かに引っ掛かるものを感じたが、それがなんであるかはわからなかった。

「ところで、トミオカセイシジョウシは、読まれましたか？」

問い掛けられ、私の頭に、すでに目を通した書籍のカバーがいくつも思い浮かぶ。だが、言われた書籍がその中にあるかどうかは自信がない。

「読んだと思うんですが……」

私がぼかしながら答えると、

「ちょっとお待ちいただけますか」

今井は応接室から席を外した。

間もなくして戻ったその両手に抱えられていたのは、函入りの、見るからに重そうな書籍だった。厚さが大型辞典くらいある。

「すみません、初めて眼にします」

私は正直に答え、ちょっといいですか、と断り手にとる。

函の中には上下2冊が収納されていた。書名を聞いた時にはてっきりその歴史について書かれた〝富岡製糸場史〟と思ったのだが、分厚いハードカバーの背には金文字で『富岡製糸場誌』とあった。最後のページ、奥付を開く。

編集者は「富岡製糸場誌編さん委員会」、発行者は「富岡市教育委員会」。上巻も下巻も昭和52（1977）年、およそ40年前に出版されたものだ。上巻の奥付の向かい側のページには、「1258」というページ数が、下巻には「780」というページ数が記されている。上下合わせると2000ページを超える大著だ。

「建築がご専門なら、この本は読まれたほうがよいと思いますよ」

優しくいわれた。その通りだ。関連する書籍にはかなり眼を通したと、つい先ほど口にしていただけに、恥じる思いが膨らみ首筋に手をやった。

「あとはそうですね、清水先生の本は読まれておいでですか?」

またすぐには思い当たらず、首をかしげる。

「清水慶一先生です。名著ですよ」

たしか近代建築史の専門家だ。だがその著書は手に取ったことがなかった。

「清水先生の本は残念ながら、私の事務所のほうにはあるのですが、今、こちらの会社にはないもので、お見せできなくて申し訳ないです」

今井の言葉に恐縮しつつ、東京に戻ったら読んでみます、と返す。富岡製糸場とどう関係するのかはわからなかったが、名著と言われると気になる。私は重たい書籍を持ち上げながら思い切って口に出す。

「できましたらこの本をお借りできないでしょうか」

40年前に刊行された専門書だ。古本として流通しているとも思えなかった。国会図書館にはあるかもしれないが、貸出ができない。館内で読み切れるボリュームではなかった。

「かまいませんよ。今日は車ですか?」

「ありがとうございます」頭を下げる。「いえ、新幹線です」

「それでは重たいでしょう。事務所かご自宅にお送りしましょうか」

ありがたい申し入れだったが、とんでもない、と即座に遠慮した。帰りの電車ですぐにでも読み始めたいという気持ちもあった。

「このあとは、製糸場に戻られますか?」

当初の予定では、夕暮れ時の外観の撮影が目的のひとつだったのだが、話し込むうちにタイミングを逃してしまった。けれども悔いはなかった。あるのはむしろ、安堵の気持ちだ。取材開始時点で、自分の知識の乏しさを思い知る幸運な出会いに感謝していた。

窓の外はすっかり暮れていた。いえ、今日はこのまま東京に戻ります、と返す。

私はひとこと断り、撮影延期の電話を現場に入れさせてもらった。事情を話すと係長からは、ではまた次の機会に、と快く了解をもらえた。

帰りの電車に揺られながら、思ってもみなかった高いハードルが目の前に現れた気がしていた。富岡製糸場については、建築史の専門家でなくても、あの人のように詳しく知る人が富岡にはいるのだ。単に史実に詳しいだけでない。私はその話しぶりに、歴史的な建造物・富岡製糸場に対しての、地元住民ならではの思いの深さを感じていた。言葉の端々には、「富岡製糸場愛」というようなものが漂っていた。富岡は、富岡製糸場そのものについても、その歴史についても、ひとかどの見識を持ち、敬意を抱く人がいる街なのだ。

もしかしたら柳澤晴夫の中にも、先ほどの人と同じようなものがあったのかもしれない……。

いや、結論を急ぐには、まだ私自身があまりにも知識不足だ。貴重な書籍を貸してくださった先ほどの人も、おそらく同様に感じていたのだろう。

高崎駅で新幹線に乗り換え、私はまず上巻を開いた。

第一部は富岡製糸場の概観。第二部が富岡製糸場の資料編。この建築の創設に、そして運営に、維持に、どれほどの労力と尽力が重ね続けられてきたのか。明治の情景の中に私は次第に入り込んでいった。

＊

東京に戻ってからも、借りた書籍と、ほかにもまだ手にしていなかった書籍を集め、読み進めた。その間にも世界遺産を記念しての本は続々と刊行され、点数が増え続けていた。それだけ世間の関心が集まっているのだ。目を通しておくべき書籍には際限がなかったが、私が知りたいと願う柳澤晴夫に関する書籍は見られなかった。世界遺産登録の大ニュースでにわかに注目を浴びた人物だった。ところがその影は次第に薄くなっていくようだ。なんとも寂しい気がしながら取材を続けていた日のことだ。その一行が私の目に留まった。

『着工から竣工まで一年四カ月を要した』


製糸場建設のための工期が1年4カ月間だったというのだ。

とりわけ強調されているわけでもない一文だった。にもかかわらずその内容が、驚きとともに私の心に響いたのは、考えられないほどの短期に思えたからだ。

明治4（1871）年3月　着工。

明治5（1872）年7月　竣工。

製糸場の建築規模がどれほどであったのか、開業時に竣工していた建築を確認する。現在は何棟もの建造物が建つ富岡製糸場だが、開業時に竣工していたもので現存するものは以下の４棟だ。

繰糸所（繰糸工場、建築面積１７２７平方メートル）
東置繭所（東繭倉庫、同１４９３平方メートル）
西置繭所（西繭倉庫、同１４８７平方メートル）
蒸気釜所（煮繭所及び選繭所、同１９１平方メートル及び１５６平方メートル）

現存する首長館や検査人館、女工館は、操業から3年後の明治８（１８７５）年に完成したものなので、開業時の建築規模からは外れる。一方で、現存していないが開業時には完成していた建築はほかにもある。

工女寄宿舎　２棟
賄所
生徒舎
仮検査人館
仮首長館
燥繭場

蒸気釜所
候門所（社宅）

建築面積について、現存するものだけを足してみると５０５４平方メートルに及んだ。さらに当時の図面から推察しながら、取り壊されてしまった工女寄宿舎などの建築物を含めると、開業時における総建築面積は７０００平方メートルを超えることがわかる。大規模な建築も含め13棟に及ぶ建築群が、わずか１年４カ月間で完成したことになる。それがいかに短い期間であったのか。

富岡製糸場と同様に外観を煉瓦で覆われた建築として知られるのが中央停車場、現在の東京駅舎だ。完成は大正３（１９１４）年12月15日。富岡製糸場の完成から42年後であり、材料製造の技術も施工の技術も格段に進歩している時代の建築だ。その建築面積は約７８００平方メートルと、富岡製糸場に近い。

ではその工期はというと、５年７カ月あまりを要している。富岡の１年４カ月という期間がどれだけ短かったのか、あらためて実感する。

中央停車場は三階建て。富岡製糸場の各建築は平屋もしくは二階建て。なので建築面積（建築物の外壁で囲まれた部分の水平投影面積）だけで規模が「近い」とは言い難い。しかしそれでも工期の差は歴然としていた。

さらに富岡においては、木造以外の建設技術そのものが手探りだった明治初期という大きなハンディがある。もちろん建設機械などまったくなかった時代に、いったい誰がどのようにして、これだけの建物を短期間に完成させたのか……。

施主である政府内部に、もしくは施工者の中に、私の知らない誰か、重要な人物がいたのではないか……。


製糸場の建設は、日本人にとって初めて体験することばかりだった。

現地で私が目にした大規模な東置繭所や西置繭所、繰糸所は、「木骨煉瓦造（もっこつれんがぞう）」という構造で建てられていた。石の土台に太い柱を立て、梁を組み、煉瓦を積み上げたものだ。断面の一辺が一尺、303ミリメートルの太い柱は、軒の高さ約15メートルまで継ぎ目なしで立ち上がる通し柱だ。通常の木造家屋で使用される柱よりも、断面積で11倍もの太さになる。太く、長く、重たい柱を支えるのが基礎となる石材、礎石（そせき）だ。見るからに重そうな石が無数に敷き詰められていた。さらに柱と柱の間の壁面を埋め尽くす煉瓦。当時はまだ未知の材料であった煉瓦を、焼き上げ、現場に運び、積み上げているのだ。

約30センチメートル角で長さが15メートルに及ぶ木材。大量の煉瓦に石材。いったいこれらを、誰が、どこからどのようにして調達したのだろう……？　極めて短い工期と、その実現のために欠かせない膨大な資材の調達に力を発揮した、工事の要となった人物がいたのだろうか……。

もしかしたら、渋沢が……。

政府側で要となった人物の名前は、確認するまでもなくすぐに思い浮かぶ。

渋沢栄一。約500もの企業創立に係わり、「近代日本資本主義の父」と呼ばれた人物が、富岡製糸場の創立にも深く係わっていることはよく知られている。渋沢であればたしかに、魔法を掛けたように超短期間に巨大な建造物を建ててしまいそうな気がした。膨大な資材の調達も、政府からの大号令で達成できたのかもしれない。

私は勝手な推察が胸の内で先走るのを押しとどめ、工事の要となった人物を探そうと、事業開始の時点から建築完成までの歴史をたどってみることにした。

＊

明治政府が国策として器械製糸工場を建設するという基本構想「官営製糸工場設立の議」を固めたのは、明治3（1870）年2月のことだ。起案したのは渋沢栄一と伊藤博文。建設工事着工の1年1カ月前になる。

渋沢栄一、29歳。伊藤博文、28歳。

ふたりの構想内容は概ね次のようなものだった。

洋式の製糸工場を導入する。

外国人を指導者とする。

全国から工女を集め、実技を身につけたのちは出身地に戻り、地元の指導者とする。

ここではまだ、製糸場としてどのような建物を建てるのかについては白紙だった。建設予定地についてもまだ、東京からさほど遠くない養蚕地帯を原則とするという方針しか出ていなかった。

渋沢と伊藤が製糸場設立を任せる人物として選んだのは、ポール・ブリューナというフランス人。生糸の検査人であり技術者であって、建築については専門外の人物だ。明治3（1870）年6月、政府と雇用仮契約を結んだブリューナは、渋沢と同じ歳だった。

ブリューナが政府に「ヨーロッパ製器械を日本に導入することによる日本の利益」についての「見込書（みこみしょ）」を提出したのが、雇用仮契約の直後ではあったが、渋沢と伊藤の基本構想立案からすでに4カ月が経過していた。

見込書の内容は三つの大項目に分かれており、さらに18の小項目にて詳述されている。その小項目の中で建物に係わる内容はひとつしかなかった。しかもそれは、建物の大きさに関するイメージが述べられているにすぎない。

300ほどの釜を並べるために、長さ約70間（約127メートル）、幅約6間半（約12メートル）の建物をもって相当とす。

事業はその後、敷地の検討へと移る。ブリューナは適切な場を選ぶために政府の担当を連れ、東京への距離を考慮し、上州（現・群馬県）、信州（現・長野県）、武州（現・東京都、埼玉県、神奈川県の一部）で実地調査を行った。

その結果、富岡が敷地に選ばれた。付近一帯が旺盛なる養蚕地で優良な原料繭の確保ができ、作業用水が最適かつ豊富であり、用地が民有地なため広大かつ買収が比較的容易であって、ボイラー燃料に必要な石炭の採掘が近郊で可能などの理由からだ。

ブリューナは明治3（1870）年10月7日に政府と正式に雇用契約。渋沢と伊藤の基本構想がまとまってから8カ月が経過していた。

ブリューナは建築の図面化を、エドモン・オーギュスト・バスチャンという、ブリューナよりひとつ歳上のフランス人技師に依頼する。バスチャンは徳川幕府時代に造船技師職として雇われた人物だ。中国における造船所の建設実績が評価されたことから日本に招かれ、横須賀に造船所を設計していた。

敷地に決まった富岡からブリューナが帰京したのは11月6日頃。依頼を受けたバスチャンは横須賀製鉄所の設計に携わった経験を活かし、12月26日に図面を完成させた。

私はその日数を計算して再び驚いた。

設計の依頼を受けて図面を完成させるまで、わずか50日……？

ここでもう一度、中央停車場と比較をしてみる。

停車場の設計は当初、明治31（1898）年に着任したドイツ人の鉄道技術者によって進められた。ドイツ人技術者がまとめた設計案を元に、日本銀行本店などの設計実績がある日本人建築家・辰野（たつの）金吾（きんご）が設計を依頼されるのは、明治36（1903）年12月。辰野の設計作業が終了するのは、明治43（1910）年12月。辰野の設計期間は実に丸7年間に及んだ。ドイツ人による設計期間も合わせると、中央停車場の設計には12年もの歳月を掛けたことになる。

片や富岡製糸場の設計はわずか50日間。わずかという言葉では強調し足りないほど短いことがわかる。

それでも私は自分自身の設計体験を通じて、設計期間というものはいくらでも短縮できることを知っている。おおよその図面で終了として、あとは現場合わせ、つまり工事が進む現場にて考えながら調整し、細部を設計していくことも可能なのだ。

富岡製糸場についてフランス人技師が描いた図面は、かなりアバウトなものだったのではと推察できるだけに、工事現場における設計調整作業の膨大さが想像できた。図面では解決・決定されていない箇所が毎日のように工事現場で発覚することになり、そのつどその場で補足の設計を考え、解決しなければならなかっただろう。

現場管理を任された者は、通常であれば設計図にて決められた工事を期日通りに進めるだけでも大変な作業量だ。それなのに、加えてその肩にのし掛かる設計上の負担は、さぞかし重たかっただろう。通常であれば、その負担は工事の遅れに如実に現れてしまう。ところが建築は、あり得ないほど短い期間で完成したのだ。

私は困難をきわめた資材の調達に力を発揮した人について強い関心を覚えていた。それがいつしか、また別の大役を担った人物に対しても強く惹かれていた。

設計作業も合わせて進めざるを得なかった特殊な工事を、建築史に残るほどの短期で完成させた、その要(かなめ)となった人物はいったい誰だったのだろう……?

＊

フランス人技師による図面は完成したが、富岡製糸場はすぐには着工せず、まずは資材の調達が進められた。

明治3（1870）年12月、朝廷の最高機関である弁官より岩鼻県（現・群馬県、埼玉県ほか）に宛て、木材の調達に関して達書が出された。甘楽郡（現・群馬県甘楽郡甘楽町、下仁田町、南牧村）一帯の官林（現・国有林）を、製糸場に使用する木材の当初の伐採にあてるという内容だった。そして建築資材調達に関するその後の動きは、翌年の明治4（1871）年3月から、「製糸場諸用日記」と銘打たれた日記に記された。

3月13日　曇り　午後に福島着。瓦製造所取り調べ。

3月14日　晴れ　富岡着。瓦焼きに関する請負値段申し立てのため。

3月15日　晴れ　磯沢、熊倉、漆萱の官林について現地で実際に検査するため富岡を出発。下仁田にて昼食。磯沢に着き泊。

3月16日　晴れ　熊倉に移動。未の刻まで談判。磯沢に戻り泊。

3月17日　晴れ　申の刻雨　磯沢発、塩沢村に石灰についての打合せ。漆萱の官林の実地検査を終え、中岳へ登り、妙義へ行く。妙義泊。

3月18日　雨　妙義にて神社に参拝。神主と打合せ。古来からの杉の名所にて大材が無数。

実に驚くほど。富岡に戻る。

3月19日　晴れ　福島着。瓦焼き場にて出張点検。

石の確保に、煉瓦や瓦の製造の手配と点検に、そして木材の確保に尽力する「製糸場諸用日記」の記載者の名に、私は見覚えがあった。

敷地を選定するため、ブリューナは上州へ、信州へ、武州への実地調査の際に、明治時代に国内行政を管轄した省庁・民部省の役人がふたり同行していた。その内のひとりが、資材調達の責任者として「製糸場諸用日記」を綴っていたのだ。

私は地図を開き、日記に記された男の足跡をたどってみる。

福島（現・群馬県甘楽郡甘楽町福島）から富岡へは、直線距離で5キロメートルほどだ。翌日には富岡から熊倉（現・群馬県甘楽郡南牧村熊倉）へは約30キロメートル離れている。さらに熊倉から漆萱（現・甘楽郡下仁田町西野牧）へは20キロメートルほどの距離。翌日の塩沢村（現・多野郡神流町塩沢）へは40キロメートルほどの移動になる。

移動に次ぐ移動の日々だ。敷地選定のためにフランス人とともに西に東に南に奔走した人物が、資材の調達においてもまた、毎日のように移動を繰り返していたのだ。さらに調べていくと、その同じ人物が、工事着工後も現場において設計の調整作業も担っていたことを知った。

「あり得ないな」

自然とそんな言葉がこぼれ出た。

建主の業務である敷地の検討と、工事を請け負う者の業務である資材調達、さらに設計調整という設計者としての業務。建設事業を推進し、完成させる上でとても重要なこの三つの業務を、富岡製糸場においてはひとりの人物が兼務していたのだ。

私はその人の名を、実はこうして建築工事について深く掘り下げる前から知っていた。その名は、製糸場操業開始時の初代場長として知られているからだ。建物が完成したあと製糸場の操業に尽力した初代場長が、敷地検討という建主としての業務と、建設する立場の業務、さらに設計者の業務をも担っていたとは……。

一人で四役。

民間工場の経営者が、自身の儲けのために奔走するのであれば、まだわからないでもない。だが富岡製糸場は官営、明治政府が所有者であり経営者であり、四役の男は政府から抜擢された役人のひとりにすぎないのだ。

富岡製糸場創立期において、四つの大役を背負ったその男の名は、尾高惇忠（おだかあつただ）といった。

私は富岡製糸場建設に係わるまでの尾高の半生を確認してみることにした。

なぜ尾高は、まさに身を削るようにしてまでこの事業に打ち込んだのだろう。

もしかしたら……。

私の中には根拠のない予感があった。

尾高の生き様を知ることで、柳澤晴夫の内面に近づけるのではないだろうか――。

第2章

熱烈な気迫

鎖国という言葉の力が、急速に崩れ始めていた時代だった。

１７００年代後半から１８００年代の初頭にかけ、ロシア、フランス、イギリス、アメリカなどの船が日本の各地に来航。諸外国からは通商の要求が相次いでいた。そんな江戸時代後期の天保元（１８３０）年、尾高惇忠は武蔵国榛沢郡下手計村（現・埼玉県深谷市下手計）に生まれた。米穀などの日用品の販売と、藍染めに必用な固形化した染料の藍玉の加工販売、さらに農業も営む家の長男だった。

尾高が生まれてから10年後の天保11（１８４０）年、渋沢栄一は尾高の生家からわずか1キロメートルほどの血洗島村（現・埼玉県深谷市血洗島）に生まれる。渋沢家もまた藍玉の加工販売を手がけつつ、養蚕も行う兼業農家だった。渋沢の父は渋沢家本家当主の弟であり、尾高の母はその当主の妹。尾高にとって渋沢は母方の従弟だ。

尾高は幼くして学力及び読書力の高さを見せるとともに、武芸にも力を注ぐ。地元では名の知られた剣客に師事し、修業を重ねた。

その尾高が、欧米の列強諸国が日本の周辺に迫りつつある時代を実感するのは11歳の時だ。父に連れられ、水戸藩主・徳川斉昭が諸外国を相手に想定した大演習・追鳥狩を見学したことが、その後の尾高の思想に大きな影響を及ぼす。水戸藩に対して深い敬意を抱き、やがて水戸藩が主張する、天皇を崇拝し夷狄を排斥しようとする思想、尊王攘夷に感化される。

15歳になる頃には、尾高は家業を手伝うとともに、蚕の育成書の執筆を進める本家当主の伯父（母の兄）を補佐し、養蚕の知識を得ていた。蚕の飼育と繰糸に成功できるかどうかは神頼みとされていた時代にあって、尾高の伯父が著した育成書は自らの飼育体験と考察から得た根拠に基づく指南書だった。

尾高は家業を手伝いながら、16歳になると論語などを教える塾を開く。そこに6歳の栄一も通い始める。やがてふたりは学ぶだけでなく、藍玉の原料となる藍葉の仕入れや藍玉の販売も一緒に手がけるようになっていく。

ペリーが浦賀に来航してから5年後の安政5（１８５８）年、尾高の妹が渋沢と結婚、ふたりは従兄弟同士に加えて義理の兄弟になった。尾高28歳、渋沢18歳。

この年、朝廷の許可を得ないまま日米修好通商条約（安政の五カ国条約）が締結されたことにより、井伊直弼による幕府政治への不信感が広がっていた。

翌安政6（１８５９）年7月、横浜が箱館（現・函館）や長崎とともに開港。だがその翌月からロシア海軍軍人やフランス領事館関係者が、外国人の排斥を掲げる尊攘論者たちに襲われ死傷する事件が相次ぐようになる。

尾高もまた水戸藩が掲げる尊攘思想を胸に抱いていた。だが尾高家の相続人としての田畑、商売を投げ捨て国事に没頭するわけにはいかない。剣に覚えのある弟を、修業を兼ねて江戸に送り、国の将来を憂う志士たちと交流させ、幕府の情勢を探らせた。

安政7（1860）年3月3日、桜田門外の変により井伊直弼による幕府の独裁体制は崩れ、3月18日に「万延」に改元。幕府への不信はさらに広がり、倒幕の機運が高まる。尾高の弟と同様に、渋沢もまた江戸に出て、塾や道場で同志を集め始める。江戸ではイギリスやフランス公使館が襲撃され、神奈川ではイギリス人が殺傷される生麦事件が起きるなど、尊攘派による外国人排斥の事件が相次ぐようになっていた。

尾高は渋沢とともに倒幕の具体的な計画を立てる。上野国（こうずけのくに）群馬郡高崎（現・群馬県高崎市）の高崎城を乗っ取り、武器を奪い、横浜港で外国人が暮らす居留地を焼き討ちにしたのちに長州藩と連携して幕府を倒すという計画だった。尾高33歳、渋沢23歳。

だが、渋沢より先に江戸に出て、尊攘派の立て続けの敗北を見ていた尾高の弟から、無謀な行動は慎むべきという意見が出て、決起直前の話し合いは紛糾する。2日間にわたって交わした激論の末に、ふたりは弟の意見を受け入れ、今しばらく天下の形勢を見るという結論に至った。倒幕の計画は中止されたのだ。

尾高は集めた志士の身の振り方や武器の扱いなど計画の後始末に追われながら、藍玉の取引など家業に戻る。渋沢のほうは、親族に倒幕企ての罪が及ばないようにと京都に出る。そこで、天皇に忠義を尽くす尊王派の家柄である一橋（ひとつばし）家の家臣と再会。その推挙により、徳川慶喜（よしのぶ）に仕えることと

なった。

慶応2（1866）年、第14代将軍徳川家茂（いえもち）が早逝、慶喜を将軍に推す機運が高まる。渋沢は強く反対するが受け入れられなかったことから、これを機会に一橋家を離れることを決意する。ところがそこに一橋家から思いもかけない依頼が舞い込む。翌年、パリで開催される博覧会に慶喜の弟・昭武（あきたけ）が派遣されることになり、渋沢に会計係として随行してほしいというのだ。渋沢はこれを受け入れ渡仏する。

渋沢が国を離れたのち、日本の状況は目まぐるしく変化する。慶喜の将軍就任と大政奉還。鳥羽伏見の戦いに始まる戊辰戦争での幕府軍の相次ぐ敗北。そして慶喜は朝敵との汚名を着せられ、天皇が諸藩に対し慶喜追討の出兵準備を命じる事態に至る。

国の将来を心配し、天皇に忠義を尽くす勤皇の精神を抱く尾高は、徳川慶喜側近の旧幕臣らが結成した有志隊への参加を決意する。朝敵の汚名を着せられた慶喜が、決して朝廷に背いたのではなく、時の成り行きからそのような事態に陥っていると、むしろ慶喜の立場を遺憾に思ったからこその決起だった。尾高は有志隊発起人のひとりとして「大義を彰（あきら）かにする」という意味から、その隊の名を「彰義隊（しょうぎたい）」と命名する。

だが尾高らは間もなく、彰義隊の無規律で節操のない内状に落胆、隊を離れる。そこで新たな有志の軍、「振武（しんぶ）」を編成する。しかし振武は倒幕軍との戦いに敗れ、どうにか逃げ延びた尾高は実家に戻り身を潜めた。

新政府が樹立されて元号は明治に改まり、渋沢がフランスより帰国する。明治元（1868）年11月のことだ。

渋沢は静岡にて謹慎中の慶喜に会い、その命により静岡藩の経理を担当しつつ、渡仏で得た知識を活かして銀行と商事会社を兼務した事業を興す。その働きぶりを耳にした明治政府から呼び出し状が届く。政府内にて働くようにという辞令だった。慶喜への恩義から政府に力を貸すことについては、いったんは断ったものの、大隈重信に説得され、渋沢は仕官を受け、民部省にて国立銀行条例制定などに携わる。

一方尾高は慶喜の汚名を晴らしたいとの思いから、静岡へ出向く。静岡藩の職務に就きながら、東京の渋沢とも再び交流を深めることになり、尾高の偉才ぶりもまた政府に知られ、渋沢と同じ民部省に登用される。明治3（1870）年のことだ。

そしてこの頃、渋沢のもとに大隈重信から、政府内の主要な人材では解決できない懸案が持ち込まれる。横浜のフランス商会から日本の蚕糸が粗悪で優等商品にはならないとのクレームがつき、改良の方法を検討せよというものだった。

幕末の安政6（1859）年の横浜開港以来、わが国の蚕糸業は飛躍的に発展していた。背景には、世界市場において生糸生産の多くの割合を占める三つの国の窮状があった。フランスとイタリアでは蚕の病の蔓延により生産が停止され、清国では内乱による生産減少が起きていた。その需要がわが国の開港と同時にどっと流れ込んできたのだ。

生糸市場は京都から横浜に移り、外国貿易商などの開業が相次いだ結果、日本の輸出総額に占め

る生糸の割合は5割前後を示すまでになった。ところが輸出量の拡大にもかかわらず、生産においては何も改良が試みられなかったために、粗製濫造が大きな国際問題として浮上したのだ。

明治維新を迎え、政府は生糸の生産及び取引に関するさまざまな取り締まり策を打ち出す。さらに具体的な打開策として洋式器械製糸場設置の機運が高まる。そして明治3（１８７０）年2月、政府は自ら洋式機械工場を設立し、相応の技術者を招いて生糸の改良を図ることを決断する。実現に向けての任は、渋沢栄一と伊東博文に命じられた。養蚕農家の出身であり、フランス視察で製糸業の最新事情にも詳しいとの理由から、20代後半にして政府の要職に就く渋沢が課題解決に当たることになる。

渋沢はフランス人技師を雇いフランス式製糸場の建設を提案。大隈から実施の指示を受けた渋沢は、蚕の育成書執筆補佐の経験を持ち、学問の師でもある尾高に力添えを依頼する。

尾高は渋沢からの声掛けに、即座に勇み立つように答えた。

「これこそ私がもっとも適任する事業だ。生涯の事業として私の力をもってして当たろう」

製糸場建設は、民部省に抜擢されたばかりの尾高を中心に動き出すことになった。

渋沢が指名したフランス人技師ポール・ブリューナとともに尾高は、敷地選定のための実地調査を進めた。国力を注ぎ込んでの工場の建設である。地主は誰もがぜひわが土地に建ててほしいと手を挙げるかと思いきや、実際の反応はその真逆だった。一行は富岡において、思わぬ障害に突き当たる。

明治維新を迎えたとはいえ、田や野に住む人たちには、情報など行き届いていなかった。新しい政府がいきなり器械式工場を建てて製糸の模範を示すといっても、富岡の人はその目的も趣旨も理解できていない。日々、製糸業に当たる自分たちの方が政府の役人よりも、製糸・紡績についてはよっぽど知悉（ちしつ）していると思う人は、製糸場の必要性などまったく感じておらず、敷地の検分に訪れた尾高らに対しては、疑いと怪しみの目を向けるばかりだった。

さらに、日本人だけでなく、見たこともない外国人がいきなり敷地の選定と称して富岡にやって来たものだから、人びとは慄然（りつぜん）とした。外国人のことは〝異人〟と呼び、人間とは異なる生物と思い込んでいる者もいたからだ。

人間ではない者が、土地を開拓し、住み始めるとなればどのような禍（わざわい）が起きるかわかったものではない。神さま仏さまの祟（たた）りを怖れるあまり、工事が始まったら妨害しようとたくらむ者も出てくる始末だった。

差しあたって問題となったのは、ブリューナの宿泊場所だ。宿屋はもちろん、民家も寺院も一斉に拒絶したのだ。それでも尾高は宿の主人に根気よく交渉を続けた。国のために、その工場建設のために、敷地選定のために訪れたことを説明し続けた。尾高の粘り強い説得のお陰で、一行はどうにか野宿を免れることができた。

さまざまな土地が検討される中で、必要となる条件を満たすという理由から、富岡が敷地として選ばれることになった。

やがて敷地に基づく設計図が明治3（1870）年12月26日、完成した。

操業に間に合わせ建てなくてはならない10棟以上もの建築の中で、極めて大規模なものは、繰糸所、東置繭所、西置繭所の三棟だ。これらはともに木骨煉瓦造という独特の構造だった。洋風の煉瓦構造での建設を主張するブリューナと、これまで経験したことのない構造ではなく日本古来の木構造を主張する大工たち。互いの意見が食い違い、何度も検討を重ねた結果、採用されたのが、荷重は木材が受け壁面は煉瓦で覆うという、両者の考えを融合させた和洋折衷の独特な構造だった。

そしてその建築を実現するために必要となる資材で鍵となるのは、石、煉瓦、セメント、そして木材。尾高は着工の前からそれら建築資材の調達に追われることになった。

＊

明治4（1871）年3月9日。尾高は富岡に赴く。この日から資材調達に移動に継ぐ移動を繰り返す日々を、尾高は「製糸場諸用日記」と名づけた日誌に書き記した。

尾高の指示で石材の搬出、煉瓦の製造と輸送を請け負ったのは韮塚直次郎という人物だ。尾高家で働く住み込みの搾油工と家事使用人の間に生まれ、幼い頃は尾高家で過ごす。年齢は尾高より7つ上で、この年、48歳を迎える。村の問題を解決するにあたり尾高に協力した過去を持っていた。

必要となった主な石材は、太い木の柱の土台となる礎石と、礎石と礎石の間を埋める布石。牛伏砂岩と呼ばれる薄黄色の砂岩が使われ、小幡の連石山から切り出された。約60センチ角で長さ約1メートル25センチ、重さ1・2トンの石材が350本、幅約40センチ、高さ約27センチ、長さ約1メートルで重さは約300キログラムの石材が1824本と、当時の資料で確認できる請負の量だけでも、石材は4000本に及んだ。

石材や木材と異なり、煉瓦についてはまったく未知の材料だった。日本ではまだ、長崎のハルデス煉瓦（文久元・1861年）、横須賀製鉄所副首長邸（明治2・1869年）など、ごく一部の地域にしか煉瓦の施工実績がなかった。上州においては煉瓦も、煉瓦を積み上げる際に必要となるセメントと砂を混ぜたモルタルにしても、製造も施工もまったく経験ないどころか、誰も見たことがない材料だった。尾高は、セメントはフランスからの高価な輸入品に頼らず漆喰を使い、砂を混ぜた砂漆喰で代用することにした。煉瓦もまた輸入に頼らず、建設現場近郊での生産を決める。

煉瓦と屋根瓦の製造についても、尾高の指示を受けたのは韮塚だ。韮塚は富岡製糸場敷地から東方およそ3キロメートルの福島町（現・群馬県甘楽郡甘楽町福島）に数基の窯を設け、武蔵国明戸(あけと)村(むら)（現・埼玉県深谷市明戸）から瓦職人を呼び寄せた。

職人たちは何度も失敗を繰り返しながら、必要な煉瓦を連日焼き上げた。明治4（1871）年4月19日から5月13日までに焼き上がった数、11万2796本。1日に5000本近くを焼き上げていく。

福島に煉化(れんが)石(せき)製造器械が立て込まれた5月14日以降は、さらに本格的な製造が開始された。煉瓦の焼成(しょうせい)数は製作途中までで約32万本に及び、最終的にはその倍以上の煉瓦が製造、使用された。

煉瓦、瓦の検品とともに、尾高は木材についての出張検分を重ねた。小幡（現・群馬県甘楽郡甘楽町小幡）の松材、小舟山（現・長野県千曲市）及び天神山（現・群馬県安中市）より松薪、古館の竹林と、検分は続き、行動半径はさらに広がっていった。

実際に工事が進み始めると、当初想定していた以上に多くの大材が必需になることが判明した。そこで尾高が目をつけたのが、官林（現・国有林）である妙義（現・群馬県富岡市妙義町）の杉材と吾妻（現・群馬県吾妻郡）の松材だ。だがこの方針決定が妙義において物議を醸す。

富岡から西に12キロメートルほどの妙義山の杉材を伐採することが村民に知られると、瞬く間に反対の声が上がった。地元の妙義神社は5世紀の頃に創立され、江戸時代を通じ神仏習合の神社として栄えた。村民にとって妙義は自然信仰の対象となる神山だった。その山の神である天狗が棲む森の杉や檜を伐採して、人と異なる異人のための住居や工場を建てるなど、もってのほかだというのだ。天狗の怒りによって禍いを被るのは村民だと反対した。この一件を聞いた富岡の人たちも、天狗の祟りを呼ぶような建物をこの地に建てるのは迷惑だと同調した。ここに来て立ち退きを迫る者まで出てくる勢いだった。

だが説得のために現地に赴いた尾高は動揺しなかった。妙義の木材を伐採するとなれば、反対の声が上がることは予期していたからだ。努めて冷静に、この工場を建てることが国の大きな利益を生み、国民の幸せへとつながると説明した。全国民の幸せへとつながる事業であるから、幸せの源の場となる富岡はのちに必ず繁栄するはずだ、と。

土地が繁栄し、人々が喜べば、天狗もその繁栄をともに喜んでくれるはずだ。天狗の祟りなどあるはずがない。

尾高は熱意をもって説得を繰り返した。私心のない、国のために必要なのだという誠意ある言葉は、次第に人々の胸に染み入り、いつしか反対の声を上げる者はいなくなっていた。そして、いよ

いよ妙義の森から木材を切り出すという日に、風害などが起きなかったことから、人々は天狗の助けととらえた。伐採にあたる職人たちもあらためて作業に身を入れるようになり、やがて富岡の現場には杉の巨木が山のように積まれた。

日本にある技術を駆使しつつ、新たな技術を手探りの後に生み出す。図面の修正も手がけ、膨大な資材の調達においても、地元の反対に屈することなく誠意を尽くす。まさしく身を削るようにして事業を推進した尾高の存在があったからこそ、工事は1年4カ月という極めて短い期間で完了したのだ。

明治5（1872）年7月、竣工。

だが、操業はそれから3カ月遅れる。竣工の5カ月前の2月に政府は女性労働者・工女の募集を各方面に布達するが、必要となる人数、400人あまりがまったく集まらなかったのだ。

働き手が集まらない理由は、こんな流言のためだった。

雇い主である異人たちは魔法使いのような悪き鬼のような輩だ。彼らにだまされ年若い工女があの工場に入れば、たちまち彼らに生き血を絞り採られ、命を失うことになるだろう――。

この悪説の出所を尾高が確認すると、現地の人たちは、実際に血酒を呑んでいるのを見たというのだ。よくよく確認してみれば、それはフランス人技術者が口にしていた赤ワインのことだった。

工場の外国人技術者たちが飲む赤ワインを富岡周辺の人たちが人の血と疑い、工場へ行くと異人に生き血を採られると誤解し、その噂がまことしやかに拡散したのだ。

政府はすぐさま流言を打ち消す布達を各県に対し出した。だが効果は現れなかった。

噂が根も葉もない風説であると証明するためには、言葉で説明したのでは伝わらない。生き血など吸われるはずがないと証明するしかない。尾高は立証のために、そして工女たちの手本とするために、郷里に住む自分の娘を第一号の工女にと決めた。13歳になる娘は、父の意を汲み、働くことを決意する。この第一号工女の入場が、当初操業開始を予定していた明治5（1872）年7月だった。尾高はさらに郷里の親戚、知人にも勧誘の声をかけた。国家の前途のために、若き女性、そしてその妹たちを本工場に送ることは、今まさに急務なのだと訴え続けた。

尾高親子の決断、そして尾高のさらなる勧誘が功を奏した。これまでの尾高の名声を知る武州の豪農が娘を出し、自ら近くの村を奔走して勧誘するなどしてくれたお陰で、応募の動きに拍車がかかる。さらにここにきてようやく、政府が大金を投じてこの巨大な模範工場を建てた趣旨が、広く知られるようになっていた。尾高親子の対応に感銘し、政府の趣旨に賛同した女性たちが連れ立って次々と工女に志願し始めた。

明治5年10月4日（新暦1872年11月4日）、操業が開始された。

私はここまでその足跡をたどったことで、ようやく尾高の富岡製糸場に向ける熱い思いが見えた気がした。それは、信念といってもよいかもしれない。

幕府を倒すという計画を立て、有志の軍を編成して実際に戦いに臨んでいた尾高の動機はすべて、日本を立て直すためであった。倒幕を企てたのは、天皇の意向を無視して諸外国におもねる幕府には国を任せられないという判断があったからだ。倒幕軍に反旗を翻（ひるがえ）したのは、朝敵とされた徳川慶

喜の心情を慮り、そのように仕向けた西からの軍勢・倒幕軍に対しての反旗であった。常にその姿勢は、国を立て直すために命を惜しまず生きるという点で一貫していた。その尾高が掲げ続けてきた大きな目標を失いかけていた時に、新たな命が下ったのだ。

日本の生糸が粗製濫造であるとクレームがつき、その改良を実現するための製糸場を、国を挙げて建造する。完成した製糸場で製造した生糸で再び日本という国を世界に認めさせる。

富岡製糸場建設に至った背景と掲げる目標を聞いた尾高の胸は、さぞかし高鳴ったことだろう。目標を実現するための事業は、人生を賭けるに値すると尾高は判断したのだ。生死の境をさまよう半生を走り抜けてきた男からすれば、日本の生糸を、ひいては日本そのものを立て直すために、世界からの評価を挽回するために、建て、操業させる富岡製糸場は、命を懸けるに値する新たな戦いの場であったのだ。

私は当初、富岡製糸場の創業は明治政府内の渋沢栄一こそが第一の立役者であると思っていた。創立という点ではその通りなのだが、そこに至る道をたどってみると、その道はすべて尾高惇忠という人生のパートナーがあってこそ歩めたものであることを知った。

10歳上で聡明な従兄・尾高の塾で学び、ともに藍玉の原料を仕入れ、売り歩きながら、渋沢が商売や会計の基本を身につけることができたのも、尾高の存在が大きかった。幼い渋沢に尊王攘夷の意志を植えつけたのもまた尾高であり、渋沢に深い尊王の意志があったればこそ、江戸に出ようという志が生まれ、そこで朝廷を軽んじる幕府とは一線を画す一橋家の家臣に出会い、慶喜に仕える決心が生まれたのだ。その縁のお陰で渋沢は渡仏という類い稀な機会を得ることができた。そして

幼い頃の体験とフランス視察の経験があったからこそ、国力を注ぎ込む事業、製糸の改善を任されたのだ。

渋沢が国の命を受けて製糸場を立ち上げることになった時に、ごく自然にその頭に浮かんだ頼るべき人物が、自分を今の地位に導いてくれた恩人、尾高惇忠だったのだ。従兄であり妻の兄というだけでなく、若い頃から蚕の育成にも通じ、慶喜への敬意をともに胸に抱き、常に日本の未来を案じ続けた人物でもあった。渋沢からの依頼を受けた尾高は、工事の完成に向け、操業開始に向け、質の高い生糸の製造に向け、その中心となって動き出す。

尾高の想像を超えた働きぶりを知り、その彼を支えた大勢の人たちの存在を知り、幼い頃から並走し続けた渋沢との強い絆を知るうちに、この建築が持つ、築後150年を経てもなお、維持され続けるだけの唯一無二の価値が見えたような気がした。と同時に私は、知りたいと願うものに、少しだけではあるものの、初めて近づけたような気もしていたのだ。保存と維持にこだわり続けた栁澤晴夫の内面に――。

*

明治6（1873）年5月から10月の半年間、オーストリア＝ハンガリー二重帝国の首都ウィーンにおいて万国博覧会が開催された。

その2年前の明治4（1871）年12月に参加を決めていた日本は、明治5（1872）年に操業を開始したばかりの富岡製糸場の生糸の出品を決定する。製糸場は操業を開始した10月からフル稼働となった。わずか3カ月後の、年明け1月に横浜港を出港した郵船に積まれた生糸が現地にて出展された。

結果、「トミオカ・シルク」は第2位ともいわれる進歩賞碑を授与される。高い評価を受け、日本国産、富岡産の生糸は欧州各国に知られるようになった。

朗報に沸き立つ富岡製糸場では、同じ頃、製糸場の歴史に残るもうひとつの栄誉が与えられた。明治天皇の嫡母である英照(えいしょう)皇太后と、美子(はるこ)皇后（のちの昭憲(しょうけん)皇太后）による富岡製糸場への行啓(ぎょうけい)である。

明治6（1873）年6月19日、150人ほどの一行が赤坂仮御所を馬車にて出立、中山道を富岡に向かった。まずは大宮へ、そして熊谷に到着。さらに雨の中、新町などを経て、行啓のために架けた橋が大雨のために流されるなどの障害を乗り越えながら、6月23日午後1時過ぎに富岡に到着した。そして翌24日午前9時、熊谷県令（現・県知事）の先導にて富岡製糸場を訪れた。

尾高は正門にて出迎え、一行を先導し、繰糸所から場内を案内、器械製糸の実際の作業風景をお見せする。視察の合間にブリューナは妻とともに自国の料理で歓待し、さらにピアノ演奏で旅の労を癒した。

皇后、皇太后ともに、富岡製糸場が国富の源泉として素晴らしいものであることに深く感銘。皇后はその場で和歌を一首詠んだ。

いと車　とくもめぐりて　大御代の
　　冨をたすくる　道ひらけつつ

たくさんの糸車が速く回っている様子は、わが国の繁栄につながるであろうという意味の和歌だった。

尾高は謹んで賜り、御前に歩み寄り、製糸場生産の生糸と写真などを献上した。

私は想像せずにはいられなかった。尾高の胸の震えを。

操業を開始してまだわずか8カ月後のことだ。

行啓の主たる目的は、富岡製糸場が国益を図るための重要な機関であり、その場で働くことが国と皇室にとってとても重要な役割を持つことを、工女たちに認識させることだった。

尾高は現場の責任者として、工女たちの士気高揚という目的を重々承知していただろう。だが自分の胸に沸き起こる感動を、感じずにはいられなかったはずだ。

かつて幕末においては、天皇に忠義を尽くす志士であり、国のために命を懸けてきた自分が、国を挙げて建設した施設の責任者として、皇后と嫡母を案内するという光栄に恵まれたのだ。

それまでの戦いの日々が、志半ばにして、若くして命を奪われた仲間たちのことが、そして行啓に値する建築の建設に邁進した日々の情景が、その脳裏には浮かんでいたのではないだろうか。

トミオカ・シルクはウィーン万博で高い評価を得ることに成功した。

操業開始して数カ月でそれだけの評価を得られたのは、フランス人の技術指導者から技術を学び取得した、尾高の娘をはじめとした工女たちの成果だった。そして彼女たちに、学ぶための最適な環境を整えようとさまざまな方策を練り、施したのもまた、初代場長に就いた尾高惇忠だった。

*

富岡製糸場で働く工女たちは「伝習工女」と呼ばれた。その名称に表れているように、彼女たちの役割は、まずは技術の伝習を行うフランス人教婦から最先端の技術を学ぶことだった。そして、教えられた技術を伝えられるだけの指導者となれるまでに成長することだった。工女たちは2年から3年の研修期間を終えて帰郷すると、身に付けた技術を地元に伝える指導者となることが前提だった。

尾高は工女のために、工場での労働環境と寄宿舎での生活について、多くの点で先進的な方針を打ち出した。工女たちは全寮制の寄宿舎生活を送り、寮費・食費・医療費は無料、制服も貸与された。日曜を休日としたのも先駆けだった。日本の役所が日曜制を実施するのは製糸場開業から遅れること4年後、明治9（1876）年のことだ。

一般の民家では毎晩の入浴がまだ習慣化されていない時代に、工女の健康管理のために毎晩入浴を実施。夜業は禁止された。

将来を見込んで集められた工女たちには、士族など地方の名望家（めいぼうか）の子女も多数含まれ、公家・華族の娘もいたことから、「糸姫」とも呼ばれた。

　尾高はこうした公家や華族、さらに豪農や裕福な商家の娘にとっては、家族を養うための稼ぎ口が目的ではないだけに、人として成長するための教育が必要と考えた。製糸の余暇時間を利用して、読書、習字、算術、裁縫などの特別教育を施すことを決める。

　明治８（１８７５）年末の契約期間満了をもってお雇い外国人であるフランス人たちが富岡を去ると、尾高はその住まいとなっていた館を教育の場とした。専門の教師を招いて夜学を開校したのだ。さらに演芸や祭りなどを楽しめるほど、工女たちにとってはただ働くだけでなく、生活時間は豊かだった。一方で尾高は、規律規範を定め、風紀上の取り締まりを厳密にすることで、工女たちの品行を正した。

　いつしか富岡から故郷に帰った女性は、単に技術を習得しただけでなく、教養と穏やかな性格、品位を持ち合わせた、妻として相応しい女性という評判が広がるようになった。「富岡工女」の肩書きには名誉が伴い、その定評は遥か遠くの地方にまで届くようになった。井上馨（かおる）の姪など山口藩の士族の娘たちが１００名あまり、団体を組織して何百キロの道のりを経て、富岡まで志願したのも、この話を伝え聞いたからだった。

　尾高は工女たちが退職するにあたり、この言葉を贈った。


　　『繰婦（そうふ）は兵隊に勝る』

　故郷に帰り、今度は指導にあたるという未知の世界に挑む彼女たちにとって、尾高場長の言葉は生き抜くための心の支えになった。

だが工場経営のほうはというと、操業開始当初は大幅な赤字になっていた。その大きな要因は人件費だった。ブリューナ以下、検査人や医師などのお雇い外国人たちに支払う高額な俸給が工場経営を圧迫していたのだ。彼らが契約満了をもって富岡製糸場を去ると、尾高による大胆な繭の思惑買いも功を奏し、明治9（1876）年度は黒字に転じる。

しかしこの思惑買いと、政府がまだ認めていなかった秋蚕（あきご）の導入に積極的な尾高は、政府と対立してしまう。そして伝習工場であり、指南工場であった富岡製糸場が、研究所的な色合いが強くなったことから、名称を富岡製糸所と改称された、その翌月のことだ。

明治9（1876）年11月。尾高は富岡製糸所所長を退く。

尾高によって築かれ、走り始めた富岡製糸場は、富岡製糸所と名を変え、所長も替わり、次の時代へと移行する。


立ち止まって考えてみれば、とてつもない男だったと私は感じ入る。

国の将来を憂いで志士となり、国の興業を背負って模範となる工場を立ち上げ、経営に力を尽くしたのだ。一農夫として生涯を閉じてもなんら不思議ではなかった男が、である。

男の志は周囲の者の心をも摑み、動かした。そのひとりが、もうひとりの農夫・渋沢栄一だった。

渋沢は晩年、自分の人生における尾高惇忠の存在の大きさを、尾高に対し敬意を払い、先生、翁、と呼びながら、何度も人にこう語った。

尾高先生が国家を憂い、世情をなげく熱烈な気迫がなければ、私も安然として血洗島の一農夫として一生を送ったであろう。私が今日の地位に到ったには、全く翁が水戸学問に感化された余波である——。

尾高の感化を受けたことが、近代日本資本主義の父・渋沢栄一を生んだのだ。

第3章

至誠、神の如し

平成26（2014）年12月、世界遺産登録による見学者の急増に拍車がかかる中、富岡製糸場にもうひとつ別の名誉が与えられた。繰糸所、東置繭所、西置繭所の三棟が国宝に指定されたのだ。

これは私にとって、さらに嬉しい名誉だった。

さらに嬉しいというのは、世界遺産と国宝、それぞれの認定基準や、登録や指定に至るまでのハードルの高低を比較していっているのではない。単純に、「世界」の「遺産」ですと説明されるよりも、「国」の「宝」なのですというほうが、富岡製糸場には似合っているのではというが私の印象だからだ。「遺産」という、何かを失ったようにも感じてしまう言葉よりも、今もキラキラと輝いている「宝」という表現こそ相応しいのでは、と。明治期に、まさに国の宝として建設され、国の宝だからこそ、しっかりと維持され続けてきたのだ。

建造物としての国宝は全国に120件以上指定されている。だが明治以降の建物では迎賓館赤坂離宮に継ぐ2件目。工場としてはもちろん初めての指定だった。

同じ頃、私は撮影の予定を組んでいた。当初は富岡製糸場の敷地内に残る各建築だけを撮る予定生まれていた。

だった。だが尾高惇忠の働きぶりを知るうちに、その足跡も実際に追っておきたいという気持ちが生まれていた。

私には根拠のない確信があった。ここに来てようやく知り得た尾高の生き様について、柳澤晴夫はきっと熟知していたにちがいない。であれば柳澤もまた、施工を実現させるために東奔西走した尾高の活躍の場を自身の目で確認しただろう、と。

建築の壁面と外塀に使われ、計50万丁ともいわれる膨大な数の煉瓦と、屋根に載せる40万枚ともいわれる瓦を焼いた窯が並んだ、現在の甘楽町福島。建造物の土台として合計約4000本もの石材が御用石として切り出された石切り場があった連石山。そして、柱や梁などに使うため、地元の人たちを尾高が説得し、神木といわれた杉材を切り出すことができたという妙義山。

交渉と検分、指導に、尾高が何度も訪れたと記録に残る場所を訪ね、自分の目で確認しつつ、その労の甚大さをわずかでも感じておきたかった。

借りたままの書籍のことも気になっていた。郵送での返却ではなく、撮影の日に直接、お礼を申し上げながら手渡しで返却したいと考えていたために、延び延びになっていたのだ。

監査役・今井清二郎のもとに電話を入れると、朗らかな声が聞こえてきた。初対面からまだ4カ月ほどだ。だがその間に、尾高とともに幕末から明治へと激動の時代を駆け抜けたかのような錯覚を覚えていた私には、旅の発端となった富岡での出会いがとても懐かしく思えた。

「わざわざこちらまで来ていただくなんて申し訳ない。送ってもらえばいいですよ」

「いえ、実は――」

私は、富岡製糸場の撮影の予定を立てていることと、資材調達における尾高の足跡も合わせてたどる予定であることを伝えた。

「でしたら私が案内しますよ」

一瞬、相手の言葉の意味が理解できなかった。

「え？　石切り場や釜があった場所なんですけど」

「何度も行ってますから、大丈夫ですよ。私の車で行ったほうが時間も効率的でしょう」

場所を案内するだけでなく、自らの車を出して、訪ねたいポイントを巡ってくれるというのだ。私は即座に遠慮した。貴重な資料をお借りしただけでも恐縮していたところに、思いがけない申し出に身が縮む。

「車で来られるのでしたら、私の事務所の前に駐めておけばよいですし、新幹線で来られるなら、駅から歩いてすぐですから。いずれにしろ、着かれる時間がはっきりしたらまたメールかお電話ください」

一歩も引かない相手に押し切られるかたちで、運転までお願いする尾高惇忠足跡ツアーが決まってしまった。

富岡製糸場の撮影は、夕刻と早朝が希望だった。現地としても、開園時間内の撮影は避けてほしいという希望だったので、私の申し出はすぐに受け入れられた。ところが具体的な日時の打ち合わせになって私が希望の時間を申し出たところ、ちょっと確認調整させてください、ということにな

った。私の希望が夜明け前、朝の5時前から現地で撮影の準備にかかりたいという希望に、富岡市役所の係長が逡巡したのだ。即座に許可が下りないのは、早朝からの立ち会いに前例がないということなのだろうと思い、私はその時間帯だからこそ撮れる写真へのこだわりについて重ねて説明した。すると電話口の係長は理解を示してくれた。

「承知しました。では朝4時半にはゲートを開けるようにしますので」

「当日は、どなたをお訪ねしたらいいでしょうか？」

私は警備担当者の名前を訊ねた。

「私、森田が行きますので、ご安心ください」

係長自ら立ち会ってくださるというのだ。私は恐縮しながらお礼を述べた。

初日は午前10時には現地入りして尾高足跡ツアー。日が暮れる前に製糸場に戻り、撮影。宿泊しての翌朝も夜明け前から撮影。そのあとは、観光客に混ざりながら撮影をしつつ、合間に富岡市の図書館で資料収集。夕方にはもう一度、撮影をして東京に戻る。その予定で当日を迎えた。到着時間がずれることがないように、その日も新幹線で現地へと向かった。

「まずは甘楽町に行って、当時の煉瓦を焼いた、だるま窯が復元されていますから、それを見て、連石山の石切場、それから妙義山を回りましょう」

車を車庫から出したところで提案された。もちろん反対などなかった。私は助手席でシートベルトを締め終え、よろしくお願いします、と頭を下げた。

だるま窯というのは、窯の形が、だるま大師が座禅を組む姿に似ていることから、そう名づけら

れたといわれる。16世紀初めに登場した伝統的な土の窯だ。明治の窯は残っていないが、有志により近年、明治の作業場近くに窯が復元された。そこが最初の目的地だった。

「どこも、初めてですか?」

ハンドルを握る人からの問いかけに私は答える。

「はい。どこも、まったくの初めてで」

「妙義山では今も杉材の切り出しが進んでいますし、連石山の東側には石切り場の跡がしっかり残っていますから」

階段状に石を切り出した跡が何段か現存し、鑿(のみ)の痕跡も残っているので、石材の切り出し工程がよくわかるというのだ。

相手の知識の豊富さに感心する。

「巨大な石を運ぶのは大変だったでしょうね」

当時は車はもちろん、汽車でさえまだ全国どこにも走っていない時代のことだ。

「切り出した御用石は荷車で富岡の田篠(たじの)、昔の田篠村の鏑川(かぶらがわ)の川岸まで運んだんですよ。そこからは筏(いかだ)に積んで、鏑川を上流へと遡って。富岡製糸場南側にある、断崖下の川岸まで運んで、コロを使って急斜面を引き上げて」

情景が目に浮かぶようだ。大きな石をひとつ運ぶだけでも大変な労力だっただろう。

しばらく走ってから、提案された。

「窯を見に行く前に、ちょっと一カ所寄りましょう」

屋根瓦や煉瓦を焼くのに必要となった粘土を採取した跡があるというのだ。予定にはない場所だったが、そのような痕跡が見られるのであれば、窯の見学の前にぜひ確認しておきたい。

30分ほどで目的地に着いたようだ。ここですね、と案内されて車から降りる。ようだ、というのは、フロントガラス越しに見える景色に、それらしきものが見つけられなかったからだ。周囲は田んぼと小道、そして民家が点在する、ありふれた景色だった。

「陥没してますでしょ」

指さされた場所を見て私は初めて気がついた。たしかに、田んぼが広がっているだけと思った土地の、かなりの面積が明らかに陥没していた。それこそが大量の煉瓦を焼くために粘土を採取した跡だった。

この土地が選ばれた理由のひとつは、良質の粘土層の存在が確認されていたからだ。表土から1メートルほど掘り進むと、粘土層が現れる。それを必要なだけ採取して瓦や煉瓦の製造に活用したのだ。

目の前にある凹みの範囲。それを見るだけで、煉瓦と瓦を焼くためにどれだけの粘土が必要とされたのか、そのとてつもない量が想像できた。

「すべて、尾高の存在なくしては実現できなかった工事ですよね……」

再び走り始めた車の中で、私の口からそんな言葉が洩れた。

「操業を開始した時の場長室の壁に掛けた書に、尾高がなんて書いていたかご存知ですか？」

不意の質問に、私は少しだけ考える。

「安全第一でしょうか?」

私の思いつきに、静かな声が返る。

「シセイカミノゴトシです」

私の反応から、理解できていないと察したのだろう。

「至るに誠、神さまの如しです」

頭の中で漢字に変換した。


『至誠如神』


「真心を尽くす人にはあらゆることを見抜く洞察力が備わるという意味ですね」

そう説明されて、ようやく理解が深まる。

「建設においても、操業においても、誠心誠意、力を尽くされたんでしょう」

解説が私の胸に響くとともに、尾高に対する敬意が印象づけられた。この人の中で尾高惇忠という人物は、ただ知識として知っているだけではなく、敬うべき存在なのだ。

私もまた、同様の思いを胸に抱いていた。

「尾高惇忠の生き様を知ると、富岡製糸場はたまたま残ったのではなく、残るべくして残った建築だったという気がしてきました」

自然とそんな言葉が出る。

「まだまだ、奥が深いですよ。残るべくしてと思えることは、ほかにもたくさんあります」

そうなのだろう。私が知らないだけなのだ。表面的なこと、一般によく知られている一部の事実しか知らないのに、私は全体を把握できたとついこの間まで勘違いしていた。軽率だったと今は素直に反省している。

「なぜ維持され続けたのか、その理由に関心があるのでしたら、片倉家のことも調べられたほうが良いと思いますよ」

「片倉家?」

今井が前を向いたまま頷く。

「それは……」

「片倉工業さんの創始者、その家のことです」

片倉工業を興した家ということだ。だがそれが、維持とどう関係するのか、私にはわからなかった。やはりまだまだ、ごく一部しか知らない。そのことを実感する。

「それともうひとり、速水堅曹(はやみけんそう)ですね」

「第三代と五代の所長ですよね?」

それならわかる。けれどもこのような基礎的なことも、4カ月前の私ならすらすらと答えられなかった。

「そうです。知っていただきたいのは、所長に就く前の速水の実績ですね」

軽く頷くしかなかった。その知識もまた持ち合わせていなかったからだ。私は、ありがとうございます、調べてみます、と返してから、実は車に乗ってからずっと気になっていたことを口にする。

「ナビ、まったく使われないんですね」

四カ所の目的地について、私ならまずナビに順番に登録するところだ。ところが今井は、まるで近所のスーパーを次々とはしごするように、ナビなど使わず、粘土の採掘場所にしても、釜があった場所にしても、迷いなくハンドルを切っていた。

「もう何度も来てますからね、市長になる前から」

相手の言葉に、そうなんですね、と軽く返してから、え？　と気づく。

「市長って、え？　誰がですか？」

「私が」

「え……？」

返す言葉が見つからない。

「富岡市民は私だけじゃなく、妙義山にしても石切り場にしても、けっこう皆さん来られてますよ」

いや、驚いているのはそういうことではなくて。

「尾高惇忠の働きぶりを知れば、訪ねてみたくなりますよね」

いや、そういうことでもないのだが、その意見には賛成だった。

「ぼくも尾高の日記を読んで、訪ねてみたくなりました」

「そうでしょう」

ちらりと笑みが返る。

「市長って、どこのですか？」

つい口に出してしまってから、愚問だったと気づく。訊かれたほうも苦笑する。

「富岡です」

「そうですよね。失礼しました」

「いや、謝られると、こっちも困ります」そういって、楽しそうに笑う。

急に目の前に現れた事態に思考が追いつかないとは、まさに今の私のことだ。

世界遺産登録についての新聞記事や、それを機に出版された本にはかなり目を通したという自負がある。だが記事にも、書籍にも、「今井清二郎」の名を見た覚えはなかった。

市長だったのは一体いつのことなのだろう……。

口に出したかったが、押しとどめた。それはまず自分で調べるべきことだ。本人に質問することではない。

「今日はこのあと、富岡製糸場の撮影ですか?」

「はい、そうです」問いかけに私は答える。

「煉瓦の壁、撮られる時に、よーく観察すると、稲葉さんなら気づくことがあると思いますよ」

まるで映画の予告編のようなメッセージだ。そう言われてしまうと、ついこの場でまた、あてずっぽうを答えたくなる。

「ひとつだけお教えしますと」

「あ、よろしくお願いします」私は今井の横顔を見る。

「煉瓦を下から順に見上げていくと、煉瓦の焼き具合も、積み方も、職人たちがどんどん熟達していくのがわかるんですよ」

「うまくなっていった、ということが、見ればわかるんですか?」

「はい。下の段から、上に向かって」

「それだけ短期間での仕事の量がものすごかったということですよね」

「そうです。あ、見えましたね」

その声に、私は視線をフロントガラスに移す。国道46号線を右折して、まだ1キロメートルも走っていない。

「あれです」

ハンドルの右手をひょいと持ち上げた先は、緩やかな上り坂だ。その右側に、丸くて巨大な土の壁が見えた。

たしかに形が、だるまだ。

明治のものではなく、数年前に復元されたものと聞いていた。それでも私は、そこに尾高惇忠の痕跡を探そうと、目を凝らした。

*

私が取材と撮影をした会報誌の巻頭特集は、依頼から1年後に、「世界遺産への序章~富岡製糸場建設を支えた男」と題して掲載された。

昭和期に保存と維持を継続し続けた片倉工業の社長、柳澤晴夫の心の底にあったものを知りたくて始めた取材だった。ところが明治期に八面六臂の活躍をした尾高の存在を知り、私の関心しかその働きぶりに引き寄せられていた。尾高惇忠を深く知ることで、柳澤晴夫の内面に近づくのではという思いも生まれていた。そこで柳澤晴夫についての取材は継続しつつ、会報誌の特集は尾高惇忠に絞り込むことでまとめることにした。

撮影には結局、現地に計4回訪れ、そのたびに新たな発見があった。煉瓦の壁面に職人たちの熟練度のちがいが見えるというのも、まさにその通りだった。それは煉瓦を焼く職人にも、積む職人にも見える差異だった。

煉瓦の施工は繰糸所から始まり、東置繭所、西置繭所、蒸気釜所と進み、そこで操業が開始するが、さらに工事は継続。ブリューナ夫婦が住んだ首長館、検査人館、そして女工館と続く。最初の繰糸所の煉瓦壁と女工館の煉瓦壁では、継続して工事が進んだ同じ建設現場とは思えないほど、煉瓦の焼き具合も、施工の技術も大きな差があった。初期の煉瓦は色の濃淡だけでなく、大きさも不均一なものが遠慮なく使われている。それぞれ長さが約22センチ、幅約11センチ、厚さ約5センチだが、その大きさそのものに、かなりのバラつきがあるのだ。ちがいは建物ごとだけでなく、繰糸所や東置繭所では、下の段と上部の段でもその差を見ることができた。

煉瓦を焼いた職人たちが、その表面に残した刻印もまた、「気づくこと」のひとつだった。「〇」であったり「□」であったり、その形状から「ヤマニ」と呼ばれる「〈二」であったり、いくつもの種類があった。通常であればこうした職人や窯の印は施工後に見えないところに施す。だが富岡製糸場の外壁では、刻印は小さいながらも、ところどころ誰の目にも留まる場所にあった。積んだ職人が遊びでそうしたのか、焼いた職人の指定であったのかはわからないが、私にとってはまるで自然石の中に混ざった化石を探すような楽しみのひとつになった。

会報誌が全国に配布されて10日ほどして、富岡の今井清二郎から電話があった。会報誌掲載を記念してささやかな集まりをしたいので、ぜひお越しくださいという連絡だった。私はこれまでの協力にあらためて感謝し、喜んで出席させていただくことにした。

会場となった今井清二郎の事務所の広間では、あらかじめ席が決められていて、私は奥の中央だという。いかにも目立つ席には気後れしたのだが、今日の主役ですからと重ねていわれ、恐縮しながら腰を下ろした。集まった人たちは主催者のことを、「今井さん」ではなく、親しみを込めて名前で、「清二郎さん」と呼んでいた。

冒頭に主催者のスピーチがあり、私の名前とともに今回の会報誌に載った拙稿の概要が紹介された。そして乾杯。周囲から掛けられる温かな言葉の数々に感謝していると、集まった方々による料理が大皿に載って次々と運ばれてきた。里芋の煮物に焼きトウモロコシ、特製の味噌で味付けしたほうれん草のゴマ味噌和えなど、地元の野菜を使った料理の数々。さらに地魚だというスズキを薄く切って氷で身を引き締めた「あらい」などが続いた。

私は隣に座る年配の男性と料理を取り分け、グラスにビールを注ぎ合ううちに、自然と言葉を交わしていた。その男性もすでに拙稿を読んでくださっていたお陰で話が弾んだ。

「清二郎さんにしてみれば」男性が口にする。「こうしてまた、建築の面から富岡製糸場に光を当ててもらったことが、本当に嬉しかったんだと思います」

執筆者として胸に染みる言葉に礼を述べつつ、失礼ですが、とお名前を訊ねる。

「ツガネザワといいます」

聞きなれない名字に漢字を訊ねると、〝津金澤〟と教えてくれた。

整えられた白髪に、苦み走ったという表現が似合う鋭い顔立ちだ。だが笑うと幼い子どものような爛漫（らんまん）な笑顔を見せる。60代後半といったところだろうか。

「おふたりのお付き合いは、長いんですか？」

「市長と部下の関係になってから……、もう20年になりますねぇ」

あ、と思わず小さく声に出てしまった。

「その話、この間、初めてうかがいました」

相手が、ん？　という表情を見せる。

「以前に市長だったという話です」

「清二郎さんが市長だったというのを、最近知ったということですか？」

「はい。私の中ではずっと、建設会社の監査役でした」

「市長時代の話は、まったく？」

「はい、何も」

「そりゃぁ、清二郎さんらしいや」

ビールグラスを手に、愉快そうに笑っている。

ふと目をやると、当の元市長は時折奥のキッチンに入って自ら調理もしている。司会にスピーチに、そしてお客さまの接客、さらに料理まで、こまやかなもてなしには目を見張るものがある。私の中にある〝元市長〟のイメージとは大きな乖離があった。

「先ほど、市長と部下とおっしゃいましたけど」まずは基本的なことを聞いてみる。

「はい、企画部長をしておりました」

選挙事務所や後援会での上下関係を想像したのだが、なるほど、市役所で働かれていたということか。

「失礼ですが津金澤さんは、何年のお生まれでしょうか?」

「わたしですか? 昭和13年です」

つい頭の中で計算してしまう。今年で77歳。

「とても70代には、お見受けしません」

私が返すと、また爛漫な笑顔になった。

「20年前というと、世界遺産登録の件は、まだ何も動いていない頃でしょうか?」

「そうですねぇ、その話題はまだまったく出ていませんでしたけど……」

津金澤は言いながら、手にしたビールグラスに目を落とす。

「今思うと、ちょうど大事な節目の日に、居させてもらったことになりましたねぇ」

「節目……?」気になる言葉だ。「それはまた、どういう?」

「富岡市と片倉工業さんとの関係が変わるというか、そんな感じです」

「そのきっかけに、立ち合われたってことですか?」

市と企業の間で何か調印が実現したのだろうか？

「たまたまです」優しい笑みを私に向けながらぼそりと答える。

どうも概要が摑めない。はやる気持ちを抑えながら私は訊ねる。

「その節目に至った、きっかけからうかがってもいいですか？」

「きっかけというか……、私はいうなれば、怒られ窓口でした」

「怒られ窓口？」

「はい」

「怒られるって、今井市長からですか？」

「いえいえ、柳澤さんです」

まさか——。

「片倉工業の？」

「はい」

「社長ですよね？」

「最初にお会いした時はそうでしたねぇ。その後は会長になられて」

「当時の片倉工業は富岡製糸場の？」

「はい。オーナーでした」

つい早口で次々確認してしまう。まさか探し求めていた人物にこの場で会えるとは思ってもみなかった。

取材開始当初から、ぜひ直接話を聞きたいと探し続けていたのが、片倉工業の元社長・柳澤晴夫を直接知る人だった。だがそれが予想していた以上に難しく、いまだに実現できていなかった。それがこうして招かれた会で、たまたま隣の席に座る人がそのひとりであるとは……。

「怒られたというのは、なんでまた？」私は重ねて訊ねる。

「お叱りの電話を受けましてね」

訊きたいことがいくつも頭の中に浮かぶ。叱責の内容は？　なぜ一部上場企業の社長が市役所の一職員を叱責したのだろう……？

私は料理の載った取り皿に箸を置いたまま順に訊ねた。ことの経緯はこういうことだった。

ある日、他の部署から回ってきた電話に津金澤が出ると、驚いたことに電話の主が片倉工業代表取締役社長・柳澤晴夫だった。「女工哀史」という言葉で語り継がれる、悲惨な生活を余儀なくされた織維女工たちの実態が、「富岡製糸場の工女」であるかのように書いた新聞記事が掲載されたというのだ。不衛生な職場に粗食と過密労働によって病に冒され、帰郷する若き工女の実話は、富岡製糸場とはまったく別の工場のことだった。ところが片倉工業が新聞社に問い合わせたところ、富岡市役所には事前に記事の内容について確認をした上で掲載したということだった。

「それは、とんでもない間違いですね」

ことの概要を把握した私の口からは、即座にそんな言葉が洩れていた。

「由々しき事態でした」

「それで電話で市を代表して謝罪をしたのが津金澤さんだったということなんですね」

「電話だけでは申し訳が立ちませんので、すぐに東京の片倉工業さんの本社に出向きました」

柳澤が抱いた熱い憤りを、今の私ならよく理解できた。富岡製糸場は操業開始して以来、尾高惇忠初代場長の方針により、工女たちへの教育についても、労働環境へも配慮が行き届いていた。お怒りはごもっともだと私も思った。

尾高が打ち出し進めた、従業員に対する配慮ある姿勢は、その後、第三代と第五代の所長がさらに磨きをかけることになる。

＊

明治９（１８７６）年11月。尾高惇忠が初代所長の座を離れると、後任は所長心得として山田令行が当たった。交代した山田は利益を追及し、節約・倹約に走りすぎたために、工女たちの労働意欲を削ぐことになった。働く意欲の低下は製品の低下となって世に知られることになる。

操業を開始して６年後の明治11（１８７８）年２月。５月から開催されるパリ万国博覧会に副総裁として赴いた政府の局長・松方正義（まつかたまさよし）（のちに大蔵大臣を四度、内閣総理大臣を二度歴任）が、フランスの絹の都・リヨンに輸出していた富岡生産の生糸の品質の低さを耳にする。早急な改善を委ねられたのは、かねてより富岡製糸場には民営化による抜本的な改革が必要と主張していた官吏・速水堅曹だった。

速水は天保10（１８３９）年、武蔵国入間郡川越（現・埼玉県川越市）に、川越藩士の下級武士の三男として生まれた。尾高より九つ下、渋沢よりひとつ年上になる。

速水は10歳で父を亡くし、家督を相続する。

浦賀にペリーが来航してから二年後の安政2（1855）年、川越藩は幕府から湾岸の警備を言い渡され、16歳になる藩士の速水は江戸高輪で砲術の練習を重ねていた。そこに水戸藩の徳川斉昭が訪れる。速水は大砲の試し撃ちを斉昭から褒められ、その経験が西洋化の必要性を速水に目覚めさせる一端となった。尾高惇忠が徳川斉昭当人の演習に感銘を受けたのが天保12（1841）年。それから14年後のことだ。

速水は27歳の時に前橋に転居し前橋藩士となる。財政難を脱却しようとする前橋藩からの命を受け、藩で生産する生糸の売買を横浜で始めるのは、30歳になる明治2（1869）年のことだ。横浜で速水は、スイス領事館を訪ねる機会があり、そこで初めて欧州の生糸相場を知る。イタリアやフランスの生糸が日本の生糸の約2倍の価格で取引されていると知り、早急な生糸改良の必要性を痛感。生糸の品質向上と合わせて輸出をも手がければ、藩の大きな財源になると考える。

速水は藩の生糸取締役になると、すぐに行動を起こした。前橋生糸の質を上げるためには、外国人指導者を雇い、前橋藩に藩営器械製糸所の設営が必要であると働きかけた。

速水が白羽の矢を立てたのは、北イタリアの製糸工場で13年間製糸技術を学んだスイス人だった。神戸在住であったその者を生糸教師として雇い、明治3（1870）年6月、水車を動力とした12人繰りの藩営器械製糸所を細ケ沢（こまがざわ）（現・群馬県前橋市住吉町）に創立した。明治5（1872）年11月に操業を開始した富岡製糸場よりも2年8カ月早い、日本で最初の器械製糸場だった。

指導者の女性がひとり、上等の工女が13人、中等の工女がふたり、少女が15人と、遅れて操業す

る富岡製糸場とは比較にならない小規模な職場だったが、速水は工女の労働環境や各担当の仕事内容、条件、そして義務や責任などについても、細かな「規定」を設けた。日の出の30分前の起床を義務づけることで、朝から自然の光を最大限利用できる労働環境を整え、休日は毎月、1日と15日の月2回とした。日の出・日の入り時間に左右されずに7時始業とし、日曜を休みとした富岡製糸場とは、労働時間や休日の決まりが異なる。だが職場には「規定」を設けることで、工女の集団行動を統制し管理することが重要と考えた、その姿勢は、富岡製糸場と共通していた。

速水のもとには見学と伝習を希望する者が全国から訪れた。そしてこの速水の実績は、明治政府が器械製糸工場創設へと動く導火線となった。

速水による藩営器械製糸所の成果は操業4カ月後の同年10月、渋沢栄一ら政府から高く評価され、速水は政府から富岡の敷地検分の依頼を受け富岡に向かう。そこで敷地の選定を続けていたブリューナ、尾高惇忠らに合流。新しく建てる製糸場の利害を論じた。速水は明治3（1870）年10月19日の日記に尾高の印象を書き残した。

「尾高は話が巧みだ」

尾高らは富岡をはじめとした各地の検分を終え、東京への帰路、前橋藩営製糸所に立ち寄り見学する。そこで尾高は初めて器械製糸を目にする。以来、速水と尾高は、9つちがいだったが親しく交流を重ねた。富岡製糸場の建設工事中には尾高が前橋の速水のもとへ、速水もまた富岡の尾高を訪ね煉瓦の製造を見学、福島まで足を延ばし煉瓦の焼き上がりを視察。操業直前になると尾高が速水のもとへ工女募集の依頼に訪れ、富岡製糸場の操業開始後は今度は速水が富岡を訪ね尾高の案内

で場内を視察した。

前橋藩営器械製糸所の創立後、速水の元を訪れる者はあとを絶たなかった。自分たちもぜひ器械製糸場を立ち上げたい。その相談にのってほしいという人たちだ。遠く美作国（現・岡山県北東部）津山からも、いずれ明治27（1894）年に津山製糸合資会社を設立する森本藤吉らが相談に訪れた。

相談にのるだけでなく速水自身がその現場に赴き指導することもあった。栃木県や福島県からの要請を受け、製糸所設営も指導した。そうした経験から速水は明治8（1875）年3月、内務省の大久保利通内務卿に対し、外国資本を入れて大規模な製糸事業を興すべきであると上申したが、時期尚早との判断で、むしろ内務省に入省して改革を進めるようにと誘いを受ける。

だが、速水の関心はあくまでも生糸の改良にあった。入省することで、ほかのことを押しつけられてはかなわない。そこで生糸改良事業以外は、たとえ長官のご命令であっても従いませんと宣言し、了承を得た上で入省した。

速水はさっそく内務省の官吏として富岡製糸場の経営実態調査に出向き、その結果を報告書にまとめ提出した。それは単なる利害得失の調査だけでなく、工女たち現場の声にも耳を傾けた実態調査の報告書だった。

その中で速水は、ウィーン万博での高い評価や、行啓の栄誉を得た尾高経営の富岡製糸場に対して、遠慮のない厳しい見解を書き連ねる。経営面からまず注視すべき赤字経営の根源は、三つあると述べた。原料となる繭の高価買い入れ、工女の能率の低さと未熟練、そして年間経費の多大。速

水はさらに、この三つの根底には、膨大な人件費負担を生んでいる外国雇い人の解雇が重要議題であり、そもそも官営工場であることが根本的な問題であると指摘。解決するには官業を廃止し、民業へ移すべきであると、民間への払い下げを提案した。政府がこの提案に従うことはなかったものの、速水による経営実態調査は、初代場長から初代所長となった尾高が富岡を去ったあとも継続された。

速水は蚕糸業の視察のため、武蔵、上野、信濃、飛驒などを巡回した折に、明治10（1877）年8月24日、富岡製糸場に立ち寄る。その報告では、尾高所長時代よりも遥かに厳しい指摘がなされる。

第二代所長の山田が節約倹約に偏り、不注意による不衛生となり、利益を失いつつあるというものだった。そして民間への払い下げを引き続き主張する速水を、凶弾に倒れた大久保利通のあとに内務卿に就いていた伊藤博文が呼び出す。

伊藤は速水に質問した。

「君に任せれば、富岡は模範工場となり、利益向上を見込めるのか？」

もちろんです、と速水は答えた。

「君に任せれば、国内外の不信用を挽回できるのか？」

たやすいことです、と速水は答えた。

そこで伊藤は提案した。

「手際を見た上で判断するので、まずは主任として改良に着手してほしい」

速水は明治11（1878）年11月及び12月に富岡に赴き、改革を試みる。だが富岡製糸所の第二代所長・山田はことごとく反発。速水の日記からは、製糸場改良に掛ける熱量と山田に対する憤慨が立ち上る。


山田は大変失礼な振る舞いがある。

山田の悪人は私の改革を、なおしりぞけようとして動いている。


速水は明治12（1879）年2月、政府から全権委任の書類を受諾した上で富岡に入り直す。俗人であれば現所長に向け、全権委任状をちらつかせながら得意満面でばっさり切り落とすところだろう。だが速水はそうはしなかった。山田に対してこのように通告したのだ。

「あなたは職務に熱心でたいへん努力をされたが内外の信用を失ったことは気の毒であった。これは必ずしもあなたに責任があるわけではない。いうなれば政府が製糸場を知らずに適任ではないあなたに任せた間違いによるもので、あなたに罪があるわけではない。今後は私が替わって担当するので私のところに所属して、私の指示命令に従って事務を執るのであればそのままやっていただきたい。もし、好まないのであれば速やかに帰京を上申するように」

山田が、命令に従う、というので速水はそのまま事務を執らせることにしたのだ。

第三代所長に就いた速水はすぐに場内を一覧した。雑草だらけで、働く者で不平をいわない者はなく、乱雑な現状を確認したあと、工女たちを前に話した。

「すべて、私の方針に従ってもらう。方針に従えない者は即刻、辞めてもらう」

脅しではなく、心機一転の出直しであることを工女たちに伝えたのだ。

速水は働く人々の萎縮した気持ちをまず取り払うため、工場敷地内の草取りを行い、木や花を植え、池を掘り、傷んだ機械を修繕し、教師を雇って夜学を開校した。夜だけでなく休み時間も利用し、速水自身もまた、人を使う方法、人に使われる決まり、人と交際する術、子弟教育の道、日本と西洋の習慣のちがいから貯蓄方法まで綿密に教えた。働く人に対して檄を飛ばすのではなく、教養を持たせることで働く意欲を高めたのだ。

わずか一週間ほどで士気の高まりの端緒が見えたことで、速水自身もまた製糸業が精神的な業であることを悟る。速水はその後、業務上の改良にも着手。従業員に対する規則もすべて新設した。

輸出先のフランスには、品物にいささかでも欠点があればすぐに私に連絡をするように、と申し送りをした。日増しに改善は進み、半年も経たないうちにフランスからは、製品に満足し、敬服するほかないとの手紙が寄せられた。

働く女性の教養を高め、教育を施すことで製品の品質を上げる。この姿勢はその後、工場が民間へと払い下げられたのちも受け継がれていく。

＊

会報誌のための取材を通じて、富岡製糸場に関する認識を新たにしていた私は、会報誌掲載を記念した会の場で、隣に座る富岡市役所の元職員、津金澤正洋から〝由々しき事態〟の話を聞いた。

電話をかけてきた柳澤の怒りを、怒られた側のやるせない心情を、私は痛いほど理解できた。柳澤から怒りの理由を説明された津金澤からすれば、ただ身を縮ませるしかなかっただろう。

「片倉工業さんは、働く人たちが資格をとるために通信教育も受けさせてましたからね」

津金澤が懐かしそうに語る。

「そうなんですか?」初耳だ。

「夏は近隣の藤岡高等学校までバスで彼女たちを運んで、集中講義を受けさせたりしてましたよ。それを女工哀史の舞台のように新聞に書かれたわけですから、本当に申し訳なくて」

その眉間には深い皺が刻まれている。私も同じ気持ちだった。

「柳澤社長とは、直接の面識もあるんですか?」

「はい、もう何度も」

「そうなんですね」つい声に力が入ってしまう。

「怒られ窓口でしたから」

怒られたご当人にしては、その口ぶりからは親しみが感じられた。

眉間の皺が消え、笑みを浮かべている。私はさらにうかがいたくなる。

「直接何度もお会いになられて、柳澤社長はどんな方でしたか?」

新聞紙上で、世界遺産登録の貢献者のひとりとして名の挙がる人物だった。だがどの記事を読んでもその人物像は伝わってこなかった。

「仁、義、礼、智、信。そのすべて持ち合わせているような方でしたねぇ」

儒教が説く五つの徳、五徳をさらりと口にした。

「肩から気品が漂うっていうですかねぇ、古武士のような雰囲気っていうんですかねぇ」

その声には、奥深い敬意が込められていた。

「素晴らしい方だったんですね」

「それは、もう。あのような方には二度とお会いできないですね」

私は、ちょっと話が変わってしまって申し訳ないのですが、と断った上で、この機会にぜひ確認しておきたい質問を口にする。

「売らない、貸さない、壊さないって、あったじゃないですか」

「ありましたね」すぐに思い当たったようだ。「新聞によく出ていましたね」

「はい。新聞では柳澤社長が、操業休止の当時から口癖みたいにおっしゃっていたように書かれてたんですが、柳澤社長の口からあの言葉を聞かれたことありますか？」

「あれは柳澤さんの言葉ではないですね」

きっぱりと否定された。

「私のような青二才にいう言葉ではないかもしれませんけど、あれは新聞記者がつくったのかもしれませんねぇ」

やはりそうなのだ。私は胸のつかえが下りた感がある。語呂が良く、いかにも読者受けする標語のような言葉なだけに、マスコミによる造語ではと薄々感じていたのだ。

「直接耳にされた、柳澤社長の口癖みたいなものってありますか？」

「信義にもとるようなことをしてはいけないと、よくおっしゃられてましたねぇ」

津金澤が即座に返す。

「昔があるから今があるんだと。延々と築いてきた互いの信頼を、簡単に壊すような誠意のないことをしてはいけないと。たったひとつの誠意のない言葉や行動で、何十年もかかって築いた信頼を裏切るようなことはしてはいけないと」

信義にもとる。誠意のない。誠意……。

すぐに思い当たった。

至誠如神――。至誠、神の如し。

人にも仕事にも誠心誠意当たるという意味である、尾高惇忠が場長室に掲げたという文言。それはまさしく栁澤晴夫の〝口癖〟に通じるではないか。

やはり栁澤の頭には常に初代場長の存在があったのだ。私がそう確信したところで、津金澤が続けた。

「その気持ちは、片倉家の頃から延々と受け継がれてきたんじゃないですかねぇ」

片倉家……。以前、今井清二郎の口からもその名が出ていた。尾高惇忠足跡ツアーの車中で聞いた時には、私は正直なところ、せっかくの助言ではあるが、富岡製糸場との関連を感じることができなかった。

片倉工業が富岡製糸場を手に入れるのは昭和に入ってから、戦前のことだ。新たな所有者となった片倉工業側の歴史を、その創業者である片倉家までさかのぼってみても、富岡製糸場の歴史に関与することは見つからないだろうと、私は勝手に決めつけていた。昭和の戦前にその流れはふた手に分かれており、私が調べていたのは富岡製糸場の創立へとつながる川上のほうだった。

だがこの取材はそもそも栁澤晴夫という人物に惹かれ、片倉工業という会社への関心が生まれたところから始まったのだ。であればふた手に分かれたもうひとつの川上についても知っておかなければ。

片倉工業の社員や代々の経営者にとって、滔々と流れてきた社史の源は、手に入れた工場の創設に係わった渋沢栄一でも、建設と操業に尽力した尾高惇忠でも、もちろん第三代、第五代と二度にわたって所長を務めた速水堅曹でもない。水源は戦前ふた手に分かれた、もうひとつの流れの先にあるのだ。

私は新たに調べるべき項目が頭の中で一気に数を増すのを覚えつつ、自分が相も変わらずあまりにも知識不足であることを痛感していた。

「話、弾んでますか？」

元市長が、元市長とは思えない手際の良さで新たな料理の皿を運びながら声をかけた。

「弾みすぎてもう、ドキドキしています」

私の答えに、ふたりが楽しそうに笑った。

第4章 シルク王の執念

その日も私は富岡に向かっていた。

もう何度も足を運んでいたが、現地から撮影は平日にという指示だったので、日曜日に訪れるのはこれが初めてだった。世界遺産登録によって一日に何千人もの観光客が訪れるという様子を一度見ておかなければと思い、撮影抜きに足を運んだのだ。

最寄りの上州富岡駅に降り立ったところで平日とのちがいを実感した。ロータリーからぞろぞろとその方角へと歩く、見るからに観光客という人たちが何人もいる。

富岡製糸場の門へと向かう通りに出ると、驚くほどの人出だった。道を行き来する観光客は多く、土産物屋には何人もの人影があり、食堂の席もよく埋まっていた。これまでに何度も目にした同じ場所とは思えないほど、街の様子は異なっていた。

やがて見えてきた富岡製糸場の賑わいは、私の想像を遥かに超えていた。

敷地の入り口には幾重にも折れ曲がる行列ができている。列に並ぶのは日本人だけではない。外国人の姿もある。テーマパークでも、これほどの行列を開場時間を何時間も過ぎてなお、エントランスにつくれる施設はそうはないだろう。しかも先にあるのは人気アトラクションではない。明治期の工場と倉庫などの建物群が、創設当時のまま建ち並んでいるだけなのだ。人々はその建物群の見学のために、列が進むのを辛抱強く待っていた。世界遺産登録という肩書きの力を、私は驚きをもって認識した。

その2週間後のことだ。

やはり日曜日に、今度は片倉工業創業の地、長野県岡谷市へと向かった。

JR中央本線の岡谷駅は諏訪湖の西の端にあり、街は湖の北西部に広がる。現在の長野県岡谷市川岸が片倉工業発祥の地だった。〝川岸〟とあるように、諏訪湖から流れ出て遠く遠州灘へと注ぐ天竜川沿いに、片倉家一家は暮らしていた。

この街には、まだ名前が片倉組だった頃の本部事務所があり、片倉工業の創始者がかつて住んだ住宅が残り、片倉家と製糸所を共同経営した実業家・林国蔵（はやしくにぞう）の住まいもまた残っている。富岡製糸場のためにフランスから輸入した繰糸機が展示される岡谷蚕糸博物館もある。もう少しだけ視野を広げれば、諏訪湖の東の対岸、長野県諏訪市には、従業員の福利厚生のために建てられ、一般にも開放された豪華な温泉保養施設も建つ。

柳澤晴夫の心情を理解するには、富岡製糸場とは別のもうひとつの源流、片倉家について知り、その舞台となった地を見ておかなければ。そう思い、私はこの地に訪れたのだ。

片倉組本部事務所は、かつて360釜と、富岡の300釜を超える日本最大の製糸場があった敷地に、明治43（1910）年に建てられたものだ。その後、片倉の本社機能は東京に移るが、本部事務所の建物はこの地に残り、系列の印刷会社が今も使用し続けている。外観は見学可能と知って、私は最初に足を向けた。

その建物は、車が勢いよく走る県道沿い、長く続く塀の向こうにいきなり現れた。建った当時はこの二階建ての建物を、道行く人は片倉家への敬意を抱きながら見上げたのだろう。そんなことを思いながら、私も足を止めて観察する。

木造なのだが、角は人造石による柱型があり、その間を煉瓦の壁面が埋めるという洋風の外観だ。だが屋根はというと、現在は銅版葺きだが建った当初は日本古来の瓦葺きだった。洋風と和風が融合するという、富岡製糸場にも通じる外観に、私はつい当時の経営者の思いを想像してしまう。

明治後期といえば、片倉は長野県内に留まらず、日本全国各地に工場を持ち、さらに台湾の台北にまで支店を広げるほど目覚ましい発展を遂げていた時代だ。にもかかわらず富岡製糸場については手中に収めようと試みながら、まだ手に入れることができていなかった。煉瓦壁に瓦屋根という外観には、当時の経営者の富岡製糸場への憧れを感じずにはいられなかった。

それにしても、こうして足を止めているのは私ひとりだった。片倉組事務所は今では国の登録有形文化財に指定されている。この先に300メートルほど歩けば、そこにもまた国の登録有形文化財に指定された片倉工業創業者が生涯住居とした「片倉家住宅主屋」も現存する。岡谷市の中でもこの付近は、国が文化財として指定した片倉家ゆかりの建造物が2軒、事務所と住宅として、ほど近い場所に建つのだ。

2週間前に富岡製糸場に押し寄せる観光客を見ていただけに、私はてっきりこの地も、週末には観光客が行き来するような状況になっているのではと予想していた。

歩道に立つ私の横を、また一台、乗用車が勢いよく走り抜けていった。

これで何台目だろう。道の脇に車を止めて、この建築をじっくり見ようとする人はまだひとりもいない。やはり富岡製糸場と片倉家を関連づけて観光する人は本当に少ないようだ。

残念だと思いながら、人のことは言えないなと苦笑した。数カ月前の私も、岡谷にはまったく関心がなかった。片倉工業の歴史にも興味がなく、その会社の発祥の地などたとえ知ったとしても、訪ねようとは思いもしなかった。

それがかつて富岡製糸場を経営していた会社の元社長、柳澤晴夫に惹かれ、その会社についてもっと知りたいと思うようになった。昭和初期に発行された社史や史料を読むうちに、史実を知るだけでなく自分の目で見ておきたいという思いが芽生えていた。

＊

片倉工業の歴史は片倉市助（いちすけ）という人物に始まる。

市助は筑摩県諏訪郡三沢村（明治7年に川岸村、現・長野県岡谷市川岸）の地にて農業を営み、片倉家は代々名主を受け継ぐ名家だった。市助には四男一女の五人の子どもがいた。

長男は嘉永2（1849）年に生まれ、名を片倉兼太郎（かねたろう）といった。のちに各工場作業の管理面を担当し、3歳年上の長男を支えることになる次男の名は光治。今井家の養子になり、いずれ貴族院議員、片倉製糸紡績の二代目社長となる三男の名は五介（ごすけ）。16歳のときに長男の順養子となり、大正9（1920）年に創立される片倉製糸紡績の初代社長となる四男の名は宗広（むねひろ）といった。

宗広はのちに佐一（さいち）と名を変え、さらに兄と同じ名・兼太郎を継ぐことから、長男はのちに「初代」と呼ばれるようになる。そしてこの初代片倉兼太郎こそが、片倉工業社史において創業者とされる人物だ。尾高惇忠の19歳下、渋沢栄一より9つ、速水堅曹の10歳下だった。

兼太郎は15歳の時から漢学を5年間学んだのちに江戸に上り、高名な書家・巻菱湖（まきりょうこ）の養子・菱潭（りょうたん）の塾に入り、書を学ぶ。慶應4・明治元（1868）年、兼太郎19歳のことである。

江戸から明治へと世の中が大きく変遷する時代に江戸に住み、時代の変革を目の当たりにした兼太郎は、やがて帰郷する。父母を助け弟たちと農業にいそしみながら、「学問のすすめ」の写本が残されているように、兼太郎の書道や漢学への向上心は帰郷してからも衰えることはなかった。

明治4（1871）年11月、23歳の兼太郎が諏訪郡三沢村の副戸長に就いた頃、明治の近代工業のシンボルともいえる富岡の製糸場はすでに数カ月前に着工し、工事のまっただ中だった。そして翌年の明治5（1872）年10月に官営富岡製糸場として操業を開始した。

さらに翌年の明治6（1873）年、父・市助が農業のかたわら、製糸業へと踏み出す。屋敷の前庭の小屋を使い、十人繰の座繰製糸を始めたのだ。富岡製糸場に遅れること1年。これが片倉家における製糸業の始まり、片倉工業の創業である。

その年の12月、25歳となっていた兼太郎は嫁を迎え、一家を成す。

明治8（1875）年7月、兼太郎は村の役職を辞し、製糸業に専念する決意をする。そして翌明治9（1876）年、父・市助の隠居により、兼太郎は家督を継ぎ一族の長となった。27歳のことだ。

家長となった兼太郎は家憲を記す。それは次のような十箇条から成るものだった。

一、神仏を崇敬し祖先を尊重するの念を失うべからざる事
二、忠孝の道を忘るべからざる事
三、勤倹を旨とし、奢侈（度を過ぎた贅沢）の風に化せざる事
四、家庭は質素に事業は進取的たるべき事
五、事業は国家的観念を本位とし併せて利己を忘れざる事
六、天職を全うし自然に来るべき報酬を享くる（ありがたく受けとる）事
七、常に摂生を怠るべからざる事
八、己に薄うして人に厚うする事
九、常に人の下風に立つ事
十、雇人を優遇し一家族を以て視る事

兼太郎は家憲を遵守し、家族主義経営を標榜。社長は社員を家族と同じように思い、社員の生活や福祉に留意した。

その兼太郎には生涯、座右の銘とした言葉があった。

『至誠無息』

至誠、息むこと無し。

至誠とは、誠実に真心を尽くして物事に臨み行動することを指す。その心をもって生涯を貫くようにという意味だ。

この言葉は家憲とともに片倉家に、そのもとで働く人々の胸に代々受け継がれていく。

あまりに似ている。いや、精神は同じではないか。

初代場長として富岡製糸場の創立に尽力した尾高惇忠は、中国の儒教における四書『論語』『大学』『中庸』『孟子』のひとつ、『中庸』の中にある「至誠如神」の四文字を大書し、その額を場長室に掲げていた。

誠実に真心を尽くして物事に臨み行動すれば、それはまさに神のような振るまいである――。

富岡製糸場の初代場長から「至誠」という言葉が工場の後継者に受け継がれ、片倉兼太郎からもまた、「至誠」という言葉が片倉家の後継者に受け継がれていったのだ。誠実に真心を尽くして物事に臨み行動するように、と。

＊

明治10（1877）年、子に恵まれなかった片倉兼太郎は、13歳年下の末弟・宗広を順養子とすることで後継者とした。宗広はこの機に佐一と改名する。

さらに翌年の明治11（1878）年、全資産をかけて器械製糸・垣外製糸場を建設、操業する。富岡製糸場にはフランス式繰糸器、300釜が導入されていたが、兼太郎の製糸場の釜数はその約10分の1の32釜、生糸の年間生産量にして12梱にすぎなかった。

翌明治12（1879）年になると、10釜以上を有する機械製糸場は全国26県、604工場にまで広がった。信州は「養蚕王国」と呼ばれたように、全製糸場のうち半数以上が長野県に集中していた。片倉家が創業した諏訪郡だけで108工場が稼働。垣外を超える規模の製糸場だけでも10以上が点在していた。

兼太郎の最初の製糸場は、全国でも有数の製糸場密集地域にて操業を開始したものの、決して大規模なものではなく、先駆けでもなかった。規模では尾高惇忠による富岡が遥かに優り、時期においては速水堅曹による前橋が早かった。

同じ明治12（1879）年、兼太郎は、林倉太郎、尾澤金左衛門ほか12名と共同で出荷結社（組合）・開明社を設立する。各社の生糸を一カ所に持ち寄り、糸の品質によって等級に格付けして分別、同じ等級の生糸ごとに集め、できるだけ多くの量を出荷する組合だ。川岸村や岡谷方面の大部分の製糸家が参加したことから、釜数は一気に311釜に膨らんだ。

開明社の社長は発起人の兼太郎、林倉太郎、尾澤金左衛門の三人が一年交代で当たった。製糸業参入において後発であり、所有する工場の規模においてもほかより遅れをとる片倉兼太郎であったが、経営者としての信頼は厚かった。

共同出荷のための組合であったが、傘下の工場には技術指導、繰糸機の改良、原料となる繭の共同購入、資金の共同借り入れ、製糸方法、工場管理等々、参画した各社は統制をとることで製品の改良統一を図っていく。

ところが明治13（1880）年、デフレによる不景気と、欧州、日本、中国、それぞれの生糸輸出量が増加したことから糸価は急速に下落してしまう。さらに翌年の明治14（1881）年8月に横浜で起きた、日本の生糸売り込み問屋と外商との争議による生糸貿易の中断が片倉家の経営を急速に圧迫した。

片倉家は危機に際し、まだ20歳を過ぎたばかりの四男・宗広改め佐一が銀行へ融資を交渉。片倉家の堅実及び誠実な経営ぶり、そして佐一の誠実さと才幹が銀行家から評価され、融資獲得に成功する。

*

片倉家が、家族が団結し危機を乗り切ったのに対して、官営の模範工場・富岡製糸場は対照的な道を歩んでいた。明治5（1872）年に華やかにスタートを切り、翌年にはウィーンで開催された万国博覧会にて出品した生糸が世界的な評価を得て、順調に滑り出したかのように見えた。だが収支はなかなか黒字へと転じないままだった。

技術指導にあたっていたフランス人技師を、明治8（1875）年任期満了に伴い契約を終了。赤字の大きな一因であった外国人給与の負担がなくなり、尾高惇忠場長の手腕もあって収支はいったん黒字に転じる。

ところが政府との対立で尾高は引責辞任。次に所長心得となった者は力量不足。政府から立て直しを命じられ、明治12（1879）年4月に第三代所長に就いたのが速水堅曹だった。片倉兼太郎が、林倉太郎、尾澤金左衛門ほか12名と共同で出荷結社（組合）・開明社を設立した年のことだ。

速水は工女の士気の高揚、器械や建物の修繕などによる経営改革を実施。生糸の質は改良されるが速水自身は、抜本的な改革として以前より民間への払い下げを政府に進言していた。その方針が、明治13（1880）年になって急速に浮上する。西南の役で費やされた戦費が政府の財政を圧迫したためだ。

11月5日、ついに政府は「官営工場払下概則」を発表した。

国の興業奨励のために政府が全国に設置した工場はその目的を達したので、官庁の所有を解き、民間にて営業するように徐々に払い下げ処分を進める、と公表したのだ。だが富岡製糸場については5年間、速水に貸し出すとの方針が内々で決められる。速水はこの内約を受けるために明治13（1880）年11月、2年に満たない在職で所長を辞職した。

年が明けて明治14（1881）年1月。速水に富岡製糸場を貸し出す議が正式に上申される。「官営工場払下概則」が発表されても富岡製糸場については規模が大きすぎるため、払い下げ希望者が出ないことから速水に5年間貸し出すという正式な申請だった。ところが反対の意見が出てしまい、政府としての正式な決定には至らず、しかも同年8月には、払い下げに努めても請願者が出ない場合は閉場の手続きをすべしとの方針が政府内部で打ち出されてしまう。

これを聞いた群馬県令（現・県知事）から明治14（1881）年12月、意見を添えた「富岡製糸所処分に付き上申」書が出される。それは、海外でも著名である富岡製糸場を閉場することは日本の不利益になるという主旨のものだった。

議論の結果、従来通りにて操業は継続との結論が出された。

明治18（1885）年、速水は第五代所長に就任する。そして富岡製糸場の経営を再び黒字へと導いた。

群馬県令による上申書がなければ、富岡製糸場は黒字に転じることもなく、この世から消えてしまっていたのだ。

私はこの群馬県令に興味を覚えた。

その名は、楫取素彦（かとりもとひこ）といった。江戸後期の文政12（1829）年、長州藩医の次男として生まれた楫取は、尾高惇忠よりひとつ年上だ。

16歳で藩校に入学。21歳で講師見習となる。そして23歳、江戸で学問を続けていたところ、のちの楫取の思想に大きな影響を及ぼす男と出会う。同郷でひとつ年下であり、尾高より7日遅れて生まれた吉田松陰（しょういん）である。松蔭は年齢では年下だが、藩校では楫取の先輩だった。わずか9歳8カ月の時に藩主の前で講義をして驚かせたという逸話を残すほど早熟だった。出会いの2年後、楫取は松蔭の妹と結婚、ふたりは義理の兄弟となった。

楫取はその後、桂小五郎（のちの木戸孝允（たかよし））に坂本龍馬を引き合わせるなど、薩長同盟の成立にも名を残した。戊辰戦争では伏見の戦いで功をあげ、明治9（1876）年4月に、熊谷県（現・埼玉県の大半及び群馬県のほぼ全域）の県令に着任する。楫取48歳。

熊谷県は世直し一揆に荒れ、住民の激しい気質から治めるのが難しいことから「難治の県」と呼ばれていた。そのうえ江戸幕府と関係の深かった諸藩が集まる要注意の県とも見られていた。さまざまな課題を抱える県の長に、政府は楫取を選んだのだ。

明治9（1876）年8月、熊谷県は群馬県となり、楫取はそのまま初代群馬県令に就任。明治17（1884）年3月に国の立法機関・元老院議官に転出するまで、熊谷県令就任から数えること9年8カ月、群馬県政を担当した。

楫取は赴任後まず、県民には精神的な教化が必要と教育行政に専心する。学校の設立、教科書の出版を進めつつ、県下の巡視を怠らず、各地の開校式、落成式などにも積極的に参加した。さらに、民衆の不満を和らげるには豊かな生活が必要と考え、勧業、すなわち産業を盛んにすること、とりわけ蚕糸業を奨励した。

速水堅曹も、生糸直輸出の規模拡大のため連合して統括する組織を立ち上げるにあたり、楫取のもとに相談に訪れている。楫取自身も速水らとともに有力な生糸商人と相談しつつ蚕糸業の発展に力を注ぐ。富岡製糸場の閉場は日本にとって不利益との上申書を楫取が政府に出したのは、こうした背景があってのことだ。

明治16（1883）年5月、楫取は任期満了前に政府に辞職願を提出する。50歳を過ぎて病も抱え、県令の激務には耐えられないというのが理由だった。その内報に、県の中心となっていた前橋の町民から慰留運動が起きる。政府に留任請願書を連署にて提出したのだ。

だが残念ながら、政府は却下。送別会が開かれると、沿道には数千人が押しかけ、県令との別れを惜しんだ。「難治の県」を、蚕糸業を中心とした「先進の県」へと変貌させたとして、楫取素彦はのちの世まで讃えられた。

楫取は、富岡製糸場の経営には直接関与していない。だが閉場という、明治最大の危機を救った人物として、また、製糸業を支える蚕糸業を県内に推進した人物として、富岡製糸場の歴史において渋沢栄一や尾高惇忠、速水堅曹と並び称される人物ではないかと私は思った。もしかしたら柳澤晴夫もまた、そう感じていたのではないだろうか。

私が楫取の存在を柳澤晴夫の心情へとつい関連づけたくなるのには、楫取が群馬県と富岡製糸場に残した実績に加えて、もうひとつ別の理由があった。それは吉田松陰が処刑される前、義弟・楫取素彦に送った言葉を知ったからだ。

至誠而不動者未之有也

至誠にして動かざる者は未だこれあらざるなり――。

誠実な心をもってすればどんな人も心を動かされない者はない。そういう意味の言葉だった。

やはり……、至誠なのだ。

＊

速水が再び富岡製糸場の所長に就く1年前の明治17（1884）年。片倉兼太郎らの共同出荷結社に参加する釜数は691釜となった。明治21（1888）年には長野県下最大の結社となり、さらに翌明治22（1889）年には釜数は1008釜を数え、生糸の年間生産量もおよそ1700梱、日本一の規模となった。

共同の結社とはいえ、兼太郎が管理統率する製糸場は、明治11（1878）年に初めて自らの製糸場を建設してからわずか11年間で、釜数は約30倍に、生糸の出荷量は約140倍にまで膨らんだ。

開明社の事業が軌道に乗ったことから、兼太郎は片倉家単独の新工場の建設に乗り出す。明治23（1890）年、やがて片倉家にとって旗艦工場となる松本片倉清水製糸場が、まずは48釜の規模で竣工した。

その翌年、片倉工業の社史と富岡製糸場の工場史、ふたつの歴史が交差し始める。

明治24（1891）年6月、速水が標榜していた民営払い下げのための入札が、再び実施されたのだ。

信州人2名が入札。うちひとりが、片倉兼太郎だった。41歳になっていた兼太郎にとって、規模においては富岡をも凌（しの）ぐ規模の工場を統括していたといえ、明治政府が総力を挙げて造り上げた模範工場は、ぜひとも手中に収めたい工場だった。

信州諏訪　片倉兼太郎　入札額　1万3873円
信州松代　貴志喜助　　同　　　1万3400円

兼太郎は入札額では勝ったものの、政府の予定額5万5000円には遙かに及ばず、払い下げは不調に終わった。

2年後の明治26（1893）年、再び入札が実施された。

三井高保	入札額	12万1460円
下郷伝平	同	10万3170円
林国蔵（開明社）	同	10万2550円50銭
吉沢利八	同	10万2050円
森村堯太	同	7万5202円10銭

初代片倉兼太郎は、共同代表を務める開明社・林国蔵の名で10万2550円50銭の札を入れる。

だがその値は政府の予定価格10万5000円を上回ることができなかった。

予定額を唯一上回る札を入れた三井家が落札。

兼太郎の富岡製糸場への思いは、またもや届かなかった。

＊

富岡製糸場が三井家の傘下に入ったこの時期、製糸場を取り巻く環境が大きく変化する。

鉄道の敷設である。

鉄道の歴史は、富岡製糸場が操業を開始する、その20日ほど前に始まる。明治5年9月12日（新暦1872年10月14日）、日本初の鉄道路線、新橋―横浜間の鉄道が開通した。

明治政府は貿易赤字解消と外貨獲得を目的に殖産興業政策を強化、生糸や絹織物などの輸出を推進。そのためには養蚕と製糸が盛んな群馬から、貿易港の横浜までの鉄道敷設が必要と考え、鉄道の延伸を計画する。

当初は貿易港・横浜に直結する計画だった。だが新橋の北には江戸時代からの市街地が広がっており、また神田から新橋にかけては台地の勾配があるため、それらを避けるために、江戸期に広大な境内を誇った寛永寺の売却地を利用し、山下町（現・台東区上野）が起点とされる。新橋―上野間が鉄道で結ばれるのは関東大震災後の大正14（1925）年になってからのことだ。八王子から埼玉県を横断する別ルート、八高線が倉賀野（群馬県高崎市倉賀野町）まで結ばれるのはさらに遅く、昭和6（1931）年になる。

幹線となる鉄道の建設は新橋―横浜間のあと明治中期まで、民間資本による会社によって進められた。本来鉄道は、国が敷設して国が保有すべきだとの意見が政府内でも強かった。だが西南戦争の出費などにより政府の財政が窮乏。そのため明治末期になって国有化されるまで、民間資本が敷設を進めることになったのだ。

中心となったのは高島嘉右衛門（かえもん）をはじめとした横浜の実業家だった。高島は幕末から明治初期にかけアメリカ公使館の建築工事なども請け負い、日本初のガス会社も結成、ガス灯建築にも尽力した。政府高官や外国人らの社交場のために和洋折衷の大旅館・高島屋も建設、経営していた。

高島屋の常連であった伊藤博文や大隈重信に対して、高島は鉄道敷設の必要性を力説した。その結果、明治14（1881）年、日本初の民営鉄道会社、いわゆる「私鉄」が設立された。いずれ日本全国の鉄道を敷設するという目標を掲げ、社名も日本鉄道株式会社と名づけられる。

明治16（1883）年、上野―熊谷間が開業する。同年中に本庄、そして富岡製糸場創業の5年後の明治10（1877）年に創業した新町紡績所がある新町まで延伸。さらに翌年には新町から高崎へと延伸された。

私は富岡製糸場へは車ではなく、新幹線と上信電鉄を利用して訪れることが多かった。かつて生糸を運んだ道筋を実感できるというのがなによりの理由だ。

JR高崎駅に着くと、二階の改札口を出て右手、西の方角へと歩く。駅ビルの通路を歩き、外に出る手前で階段を下りる。その先が上信電鉄の改札へと向かう通路だ。初めて来た時には、改札へと向かう通路が長く、道を間違えたのかと思い引き返してしまった。乗り換える上信電鉄は1時間に1、2本しか出ていないので、余裕をもって高崎まで着いたつもりが、駅構内をいつしか走りながら右往左往してしまったことを思い出す。

今では、この改札までの距離がこの電車ならではの車窓の旅の始まりと思っている。改札の先に待ち受けている「0番線」ホームというのがまた、隠れた出発口という雰囲気を漂わせる。

下仁田行きの2両編成の車両に乗り込む。

駅を出発した電車は、住宅が密集する景色の中をすり抜けるようにして敷設されたレールの上を

走る。景色が少しずつ建物から田畑へと変化していく。

　ふたつ目の駅、佐野のわたし駅を過ぎ、烏川を渡ると左右の展望が一気に開ける。正面に見える山並みに向かって走るようだ。走り出して10分も経っていないのに、地方の大都市から田園の中へと景色の変化を楽しませてくれる。次の根子屋駅の駅舎の先には左右の木々が迫り、緑のトンネルの中を走るようだと思っていると、抜けた先の景色は青空とともに上下左右に広がるのだ。

　陽をきらきらと反射させる田んぼの中を走る。遠くになだらかな稜線を描く浅間山と、天を裂くようなギザギザと荒々しい山容の妙義山を望む。あの妙義山に棲む天狗が製糸場建設の際には村民と尾高惇忠との間で議論の的になったのだ。

　乗客の思いを遠い歴史の中へと運んでくれるこの鉄道は、上野国（現・群馬県）を走る鉄道として、上野鉄道という名称で明治時代に敷かれた。

　鉄道会社設立の中心となったのは、富岡製糸場の払い下げで落札した人物・三井高保だった。

　三井高保は嘉永3（1850）年、豪商三井家惣領家八代目・三井高福の五男として生まれた。18歳で室町三井家の養子になり、第十代当主となる。明治9（1876）年に三井銀行入行。明治24（1891）年には三井銀行総長になる。

　その2年後の明治26（1893）年に実施された富岡製糸場の民間への払い下げで、高保が落札したのだ。

　落札した富岡製糸場は三井家の銀行部が買収、さらに新設された工業部に移し、営業を開始する。

　そしてさらに2年後の明治28（1895）年12月。高保が筆頭株主となり、高崎の資本など総株主563名のうち富岡西部の養蚕農家327名が株主に名を連ねる上野鉄道株式会社（現・上信電鉄株式会社）が設立される。生糸や繭に加え、下仁田の砥石や鉄を運ぶのが目的の鉄道だ。

第1期工事は、明治30（1897）年5月に高崎―福島（現・上州福島）間が開業。

第2期工事は、7月に福島―南蛇井（なんじゃい）間が開業。

第3期工事は、9月に南蛇井―下仁田間が延伸、全線開業した。

富岡製糸場の最寄り駅であり、私が何度も利用する上州富岡駅が富岡駅の名で開業するのは第2期工事、明治30（1897）年7月のことだった。

＊

富岡製糸場の経営はやがて三井家から原合名会社へ受け継がれ、「原富岡製糸所」となった。そして株式会社として独立した「株式会社富岡製糸所」と名前を改めつつ操業開始時の建物の多くは維持され続けていく。

一方、片倉兼太郎は、富岡製糸場の落札がかなわなかった年の翌年、明治27（1894）年には富岡製糸場に対抗するかのように新工場・三全社を竣工させる。釜数360釜と、富岡の300釜を超える日本最大の工場である。すでに稼働している垣外製糸場・160釜、松本片倉清水製糸場・168釜と合わせ、計688釜を有するのは、個人経営の製糸業としては日本最大となった。

明治28（1895）年には片倉組を設立。この時点の釜数は876釜に達していた。そして同年、東京市京橋区（現・東京都中央区京橋）に片倉東京支店を設置する。

翌年には台湾に台北支店を開設。その後は毎年のように長野県内と日本各地、そして海外においても近隣の工場を買収するとともに新工場も創設。明治43（1910）年には、長野県岡谷にある日本最大の工場・三全社の敷地内に、日本一の組織に相応しい洋風・和風混合の建物、片倉組本部事務所を建てた。

明治44（1911）年の生糸生産高に関する「横浜生糸入荷梱数相撲番付」では、ついに片倉組は1万5284梱の別格横綱として番付けされた。

兼太郎はいつしか、「製糸王」と呼ばれるようになっていた。だが明治政府が総力を挙げて建てたかつての官営工場をわが手にという夢はついに実現できないまま、大正6（1917）年2月13日、死去する。69歳だった。

そして兼太郎を陰でずっと支え続けた次男・光治も、兄のあとを追うようにして8日後に亡くなる。事業を受け継いだのは、片倉家の四男・佐一、二代兼太郎だった。二代兼太郎は大正9（1920）年3月23日、片倉組の事業を継承する片倉製糸紡績株式会社を設立、その初代社長に就く。この時すでに片倉製糸紡績の製糸所は国内外30カ所近くに広がっていた。

明治31（1898）年	丸大製糸所（買収）	長野県川岸村	100釜
同年	東京市千駄ケ谷に共同で新設	東京市千駄谷	32釜
明治32（1899）年	丸七製糸所（新設）	同右	96釜
同年	丸六製糸所（買収）	長野県下諏訪町	100釜

同年	岡谷り製糸場（加入）	長野県	66釜
明治33（1900）年	松本工場、隣接の釜を買収		346釜
明治34（1901）年	大宮製糸場（移設）	埼玉県大宮町	50釜
同年	八王子製糸場（買収）	東京府小宮村	160釜
明治38（1905）年	飯田製糸所（買収）	長野県下伊那郡	230釜
同年	仙台製糸所（新設）	宮城県仙台市	200釜
明治40（1907）年	石原製糸所（買収）	埼玉県熊谷町	150釜
明治41（1908）年	愛知製糸所（新設）	愛知県一ノ宮町	300釜
明治42（1909）年	平野製糸所（買収）	長野県平野村	682釜
同年	両羽製糸所（買収）	山形県高畠町	214釜
明治43（1910）年	飯田製糸所、68釜を借釜	長野県伊那郡	66釜
明治44（1911）年	丸五製糸所（新設）	長野県川岸村	108釜
明治45（1912）年	丸四製糸所（新設）	長野県松本市	244釜
同年	岩代製糸所（新設）	福島県郡山町	240釜
大正2（1913）年	能登舟製糸所（新設）	長野県川岸村	100釜
同年	宇佐製糸所（買収）	大分県北馬城村	70釜
同年	高知製糸所（買収）	高知県高知市	124釜
大正3（1914）年	鳥栖製糸所（新設）	佐賀県鳥栖町	32釜
大正6（1917）年	丸三製糸所（新設）	長野県川岸村	236釜
同年	姫路製糸所（新設）	兵庫県城南村	660釜
同年	上井製糸所（新設）	鳥取県日下村	480釜
同年	大分製糸所（新設）	大分県大分市	750釜
大正8（1919）年	大邱製糸所（新設）	朝鮮大邱府	240釜

二代兼太郎は大正11（1922）年から12（1923）年にかけて北米、南米、そしてヨーロッパ各国を視察して廻る。その視察でヨーロッパの農村には充実した厚生施設が整うことを見て、深い感銘を受ける。帰国した二代兼太郎は、従業員の施設であると同時に、地域住民のためにもなる温泉保養施設の建設を決意する。

設計は、建築家・森山松之助（まつのすけ）に依頼した。森山は明治2（1869）年生まれで、文久2（1862）年生まれの二代兼太郎より7つ下になる。実業家・五代友厚（ごだいともあつ）の甥であり、東京帝国大学工科大学建築学科（現・東京大学工学部建築学科）で辰野金吾のもとで学んだのちに、第一銀行建築係嘱託、東京高等工業学校（現・東京工業大学）建築学講座担当、台湾総督府営繕課技師として総督官邸（現・台北賓館）、台南州庁（現・国立台湾文学館）など数多くの政府関係の建築を設計。大正11（1922）年に独立してからは、国重要文化財となる久邇宮邸（くにのみや）（現・聖心女子大学パレス）や、東京都選定歴史建造物となる新宿御苑台湾閣などを設計していた。

片倉の温泉保養施設は昭和2（1927）年1月に着工。昭和3（1928）年10月に完成。片倉館と名づけられた。

富岡製糸場の取材と撮影を始める前から、この片倉館には何度も訪れていた。学生時代に建築観賞を目的に訪れたのが初めての訪問だ。設計した建築家の名も、その代表作となった片倉館も、建築史に出てくるほど知られた存在だった。

初めての時は建築写真を撮ることばかりが頭にあり、温泉を楽しむだけの時間の余裕をもって来館しなかったことを後悔した覚えがある。

外観はヨーロッパ各国の意匠が屋根や窓の形状、ステンドグラスや壁面装飾にちりばめられた、荘厳な聖堂をも思わせるような建築だ。内部にはヨーロッパの宮殿のような、細かな装飾があしらわれた太い柱が立ち並ぶ休憩室があり、大旅館の宴会場でもなかなかお目にかかれないような舞台付きで２０４畳という大広間もある。

だが、なんといっても目を見張るのが「千人風呂」と名づけられた大理石造りの天然温泉大浴場だ。そこはステンドグラスと彫刻、装飾に囲まれた、まさしく「製糸王」の王国に相応しい豪華な空間だ。浴槽は幅７・６メートル、奥行き４メートル。深さ１・１メートルの底には玉砂利が敷き詰められ、立って入浴すると、ほどよい刺激が足裏に心地よかった。

素晴らしい建築を間近に見て、内部の温泉を実際に利用して、飽きることなくまた訪れてみたいと思う建築だった。ところがその私は、この施設が小学校の教科書でその存在を知った群馬県の富岡製糸場と深く関係しているとはまったく知らなかった。何度か足を運び、「片倉」という名前を目にしながら、富岡製糸場を最後に経営した会社、片倉工業とは結びついていなかったのだ。

＊

片倉館の建設は、片倉製糸紡績の従業員だけでなく、公益のため一般にも開放された。

五、事業は国家的観念を本位とし併せて利己を忘れざる事
八、己に薄うして人に厚うする事

片倉家の家憲にある第五条と第八条を遵守する事業だった。

二代兼太郎は片倉製糸紡績の初代社長として、関東大震災、金融恐慌、世界恐慌といった苦難を乗り切り、ニューヨークの世界最高層建築エンパイヤーステートビルにも出張所を開設するなど、大きく発展させた。世間からは「片倉王国」と呼ばれるようになっていたが、富岡製糸場をわが手に、という初代兼太郎の夢は二代兼太郎をもってしても実現できなかった。

昭和8（1933）年7月18日、片倉家の三男、今井五介が第二代社長に就任。その翌年、二代兼太郎死去。享年73歳。五介は74歳になっての社長就任だったが、その後、昭和16（1941）年、83歳になるまで社長として君臨する。ニューヨーク万国博に協会長として訪米するなど、米国との交流も積極的に推進。日本の蚕糸業の国際的な発展に尽くしたことから「世界のシルク王」とも呼ばれた。

昭和13（1938）年7月12日、株式会社富岡製糸所の経営は筆頭株主、五介社長率いる片倉製糸紡績に委託される。そして翌昭和14（1939）年9月30日。かつての官営富岡製糸場はついに片倉製糸紡績に吸収合併され、「片倉製糸紡績株式会社富岡製糸所」となった。

48年前、そして46年前、片倉工業の創業者であり片倉家の長男であった初代片倉兼太郎が二度にわたって入札を試みながら成し得なかった夢を、16歳下の弟、今井五介が実現させたのだ。

昭和15（1940）年、片倉製糸紡績の工場従業員数は3万人を遥かに超え、事務所などで業務に就く社員及び準社員は約2000人。資本金は6650万円で業界第1位。業界2位の郡是（ぐんぜ）は2660万円と、他社を大きく引き離してのトップとなっていた。

片倉製糸紡績が片倉工業と社名変更するのは昭和18（1943）年のことだった——。

私は今であれば自信をもっていえる。富岡製糸場の歴史とその価値を語るのであれば、片倉家から始まる片倉工業の社史をも知った上で語らなくてはいけない、と。

片倉家から流れる歴史で私が特筆したくなるのが、従業員に対する厚遇だった。それは片倉家の長となった初代兼太郎が家憲の第十条において記したことに始まる。

十、 雇人を優遇し一家族を以て視る事

初代兼太郎は、創業間もない頃から働く人たちに対して、休憩時間中は自分の詰め所に戻り、読書や算術、もしくは修身（道徳）や談話を奨励した。

大正時代になり、私立学校の設立が許可されると、片倉工業は各工場内に私立片倉青年学校を設立、教育を充実させた。そして昭和14（1939）年、日本において最大規模の製糸会社であった片倉工業は、富岡製糸場を合併すると、他の自社工場と同様に場内に「私立富岡女子青年学校」を設立。学級は別だが男女共学。製糸講習などの義務教育のほかに、祭祀、修養などの精神教育、女子にはさらに裁縫、生花、茶道などの教育が施された。健全な母を養成するために、栄養食の給与や、始業前と終業後に「片倉体操」も行われた。

戦後は各工場に「片倉学園」を設置、富岡においても敷地内に「片倉富岡学園」を開校した。教育委員会も設けられ、教科書も制定。寄宿舎に入寮する者は授業料免除されたが、入学の意向は本人に任された。「片倉富岡学園」に入学せずに近くの公立高校の定時制に通うこともまた許可されたのだ。

私は正直、ここまでとは思ってもいなかった。従業員のことを、その教育を、ここまで重要視する会社だったとは。

さまざまな文献を読み進むうちに、いつしか私の中にはこんな絵が描かれていた。

渋沢栄一から使命を受けた尾高惇忠は、富岡製糸場というシルクの川を興し、欧州に誇れるほどの製品を完成させる。だがその川はやがて細くなり、涸れてしまうかという事態を救うのが、日本初の器械製糸所を自ら興し、製糸の品質を上げるにはまず働く人の意欲が大切であると知る、速水堅曹だった。速水は再び川の勢いを戻し、三井家、原合名会社という流れを経て、やがてその川は、本流を超えるほど大きくなっていた片倉家という別の川と交わり、大河となる。

こうして先人たちの信条や家憲は、片倉工業の代々の社長へと受け継がれていく——。

滔々と流れ続けているのは、働く人を大切にするという経営者の姿勢と、さらにもうひとつ、「至誠」という信条だった。

富岡製糸場建設において重要な立役者であり、初代場長となった尾高惇忠も、片倉工業社史において創業者とされる片倉兼太郎も、明治期に閉場の危機を救った県知事・楫取素彦も、同じ言葉「至誠」を自らの信条としていた。


『至誠如神』

『至誠無息』

『至誠而不動者未之有也』


三人はともに、誠意を尽くすことこそが人としてもっとも大切であると考えていたのだ。

その信条は代々経営者にも受け継がれる中、初代社長に就いた二代片倉兼太郎から数えて十一代目の社長となるのが柳澤晴夫だった。

信義にもとるようなことをしてはいけない。

脈々と築いてきた互いの信頼を、簡単に壊すような誠意のないことをしてはいけない。信念の人、柳澤晴夫の目は常に、日々接する人たちだけでなく、官営富岡製糸場という工場を興し維持してきた代々の所長たちにも、片倉工業という会社を興し支えてきた代々の社長たちにも向けられていたのではないだろうか。

＊

長野県岡谷市に残る、片倉家ゆかりの建造物を巡りながら、私の胸には代々の経営者たちの思いが何度となく浮かんだ。

発祥の地となった諏訪湖畔のこの街・岡谷は、片倉家にとって、東京に進出したのちも、社が世界へと羽ばたき社名が片倉工業になってからも重要な場所なのだ。

私はその日の最後に、岡谷蚕糸博物館を訪れた。岡谷市が、片倉家から譲り受けた社ゆかりの展示物を一般公開するために建てた博物館だ。富岡製糸場のためにフランスから輸入した繰糸機300釜のうちの2釜もまた大切に移設展示されている。

エントランスを入って左手に折れると、絹文化の起源から、蚕糸業の総合的な過程など、シルクの魅力がさまざまな切り口で紹介されている。日本の製糸業の歩みとして、横浜開港から富岡製糸場の創業までの解説もある。そしてその先には、繰糸機だけでもイタリア式、諏訪式、織田式といくつも展示されていた。

目的の繰糸機はすぐに見つかった。

世界でここにしか残っていないといわれるフランス式繰糸機の前に立つ。それは、台の上に洗面ボールが並ぶ洗面カウンターのように、2釜のための台や足などが一体として作られた繰糸機だった。器械の真鍮部分は鈍い金色に光る。工女として働いた和田英は日記の中で「皆真ちう、それが一点の曇りもなく、金色目を射る」と書いていた。

しみじみ観察しながら、事前に史料で知った、この繰糸機がフランスから群馬の富岡へ、そして長野の岡谷へと移るまでの経緯を思い出す。

明治政府は富岡製糸場操業のために、繭から生糸を繰る繰糸機300釜をフランスから輸入した。

その器械は製糸場が三井家に払い下げられ、さらに原合名会社に経営が移り、昭和13（1938）年には片倉製糸紡績へ経営を委託してもなお、残された。翌年には正式に、片倉製糸紡績の所有となった。だがその3年後の昭和17（1942）年、繰糸機は別の繰糸機へとすべて入れ替わる。

そこで会社は300釜のうち2釜を富岡製糸場内の検査人室（現・事務所）に保存。のちに社名を片倉工業と変更した際に、社が収集した美術品や蚕具や史料などを展示する美術館「懐古館」を上諏訪に建て、そこにフランス式繰糸機2釜も移設展示した。懐古館の建築は片倉工業から諏訪市に寄贈されるが、社として収集したものはすべて、片倉工業発祥の地・岡谷市に寄贈された。そこで市は岡谷蚕糸博物館を新たに建設、フランス式繰糸機2釜も岡谷市の博物館内に展示されたのだ。

今では日本全国はもちろん、世界でここにしか現存しない貴重な存在となった。

だが、今だからこそ〝貴重〟という言葉を使えるのだ。片倉製糸紡績が明治以来の繰糸機を取り換えた時には、用済みとなった繰糸機はすべて廃棄処分するのが当たり前だっただろう。

ところがこの会社は、そうはしなかった。保存し、残すという方針を取ったのだ。

私は今に残る繰糸機を前に、富岡製糸場の保存維持にも通じる片倉工業ならではの企業理念を感じていた。

ふと、思い出された記述がある。目にして以来その一文は、私の頭にしっかりと刻まれていた。

> この由緒ある工場を永遠に存置せしむるためほかに委託すべきところなしと業界筆頭の片倉製糸紡績株式会社の協力を求むるに決した。

昭和18（1943）年に片倉製糸紡績株式会社、つまり現在の片倉工業株式会社が発行した『富岡製絲所史』にある記述だった。昭和4（1929）年頃より世界的な不況が起こり、日本の製糸業界も衰退の一途をたどっていた。各社は事業の縮小と各工場の廃止を迫られる中、富岡製糸場を受け継いだ原合名会社は製糸業経営から退かざるを得ないとの結論に至った。そこで救いの手を求めたのが、製糸業界の筆頭に君臨する片倉製糸紡績だった。

この由緒ある工場を永遠に存置せしむるために——。

「世界のシルク王」が初代からの念願である富岡製糸場を手にしたのは、永遠に存続させるためだったという、たとえようもないほど重たい言葉だった。

永遠に存続させるという前提で手にした、国を挙げての期待の工場を、先人たちが交わした約束を、その信頼を裏切るような、信義にもとるようなことはできない。

こうした思いが、柳澤晴夫の胸には重くのしかかっていたのではないだろうか……。

私は世界で唯一残るというフランス式繰糸機を前に、そんなことを思った。柳澤晴夫もきっと、この繰糸機を目にしながら、先人たちは器械ひとつにおいても、永遠に存続させるという方針を貫いたと感じただろう。

写真でもなく、絵でもなく、実物を残したからこそ、その貴重さを後世に伝えられるのだ。

フランスの繰糸機はやがて上諏訪へと運ばれ、それが片倉工業の発祥の地・岡谷へと移設展示された。かつてずらりと並んでいた繰糸機と合わせて、富岡製糸場の建築も残すことで、明治期の様子を後世に伝えることができたのだ。

私は柳澤晴夫の心情をさらに深く知るために、また別の場所を訪ねることにした。

第5章

苦渋の決断

まずは東京駅の八重洲口から京橋を目指して歩き始めた。まずは、というのは、その日のうちにもう一箇所、見ておきたいところがあったからだ。

ふたつは、私がすでに見たことがあるという点で共通していた。そして、見ていながら、富岡製糸場と片倉工業の歴史について、何も知らなかったために、しっかりと見ていなかったという点でも共通していた。

京橋にはかつて柳澤晴夫が勤務していた片倉工業本社ビルが建っていた。そのビルは現存していない。周辺一帯とともに再開発により取り壊され、高層の複合ビル・東京スクエアガーデンに建て替わっていた。

長野県岡谷に本部を置く片倉組が、東京市京橋区畳町（現・東京都中央区京橋）に支店を開設。その後、組織を片倉製糸紡績株式会社と改め新築したのが、かつて建っていた本社ビルだった。その第一期工事終了の大正11（1922）年9月に本社機能を移転する。

社名が片倉工業と改称されるのはそれから約20年経ってからのことで、柳澤晴夫は社名改称の5

年後に入社する。柳澤は一社員の時代から社長、会長、相談役と、退任するまでこの場所で執務に当たっていたのだ。

現在の片倉工業の本社は、同じ中央区だが隅田川近くの明石町にある。そちらには取材で訪れていたが、かつての本社ビルのことなど、この取材を始めるまでは存在さえ知らなかった。

ところが東京駅へと向かう電車の中で場所を確認して、なんだあそこか、と気がついた。この場所には学生時代も含め何度も来ていたのだ。見ておきたい、そして利用したい建築が並びに2軒あったからだ。

1軒は、明治屋京橋ビル。地下鉄京橋駅の上に今も残り、駅に直結する昭和初期の歴史的建造物だ。設計は曾禰達三（そねたつぞう）。曾禰は辰野金吾と同じ東京大学工学部建築学科へとつながる第1期生であり、小笠原伯爵邸ほか数々の作品を手がけた著名な建築家だ。

もう1軒は、そこから通りの2ブロック先にあった京橋三丁目ビル。建築家・村野藤吾（とうご）が、年齢がもう80代後半となった晩年に手がけたオフィスビルだった。村野は、国宝に指定された迎賓館赤坂離宮の改修工事も手がけ、日生劇場や数々のホテル建築の設計でも知られる文化勲章受章の巨匠建築家だ。

私は2軒の見学を目的に、京橋には何度となく訪れていた。地下鉄京橋駅の出口階段を上ると、すぐその脇に明治屋京橋ビルのエントランスがある。いつも自然に、建築の外観見学の前に店内へと導かれてしまった。見たこともないお菓子やジャム、缶詰の輸入食品に目が引き寄せられ、調味料の種類の多さに驚き、ワインやジュースの、学生には手の届きにくい価格表示に目を丸くした。

京橋三丁目ビルのほうはといえば、エントランスドアの上に蓮の葉を思わせるような曲線を描く庇(ひさし)を見つけ、村野藤吾らしい設計だと自分の発見に笑みを浮かべたりした。鉄骨鉄筋コンクリート造なのだが、さまざまな曲線が施された優雅で軽やかな外観の設計に、これも村野藤吾ならではだと感動した。

ところがその村野建築の隣に建つ片倉工業本社ビルについては、端から建築見学の対象外だったこともあり、目にした記憶がなかった。村野作品の京橋三丁目ビルが再開発のために壊されると聞いた時にはとても残念な気持ちになりながら、それが片倉工業本社ビルといっしょに解体されていたことなどまったく知らなかったのだ。

足を運んだ際に、おそらく視野の隅にはとらえていながら、片倉工業本社ビルはまったく見ていなかった。そう思っていた。

それが東京駅から600メートルほどの場所に歩いてきてみると、あれ？　と気がついた。遠くからでも目に入るものがあったからだ。

見事な石の彫刻物。

もしかしたら、見たことがあるような……。

新しく建て替えられた高層建築、東京スクエアガーデンの足もとに、石でできた大きな楕円形の浮き彫り彫刻が置かれていた。それが見えた途端、私の中で昔の記憶がするすると甦ってきたのだ。

メダリオンと呼ばれる、豪華な洋風建築のドアの上部などに取り付けられる立体的な装飾だった。それが今、歩道の上に、記念碑のように設置されていた。洋風建築の帯状の石の飾り、コーニスも一緒に置かれている。

ドアの上部の装飾といっても、手のひらサイズなどではない。近づいてみるとそれは、子供の背丈ほどある大きな石の装飾だった。三、四人が前に立って記念写真を撮れるほどだ。「正面玄関メダリオン」と説明があり、かつてはエントランスドアの上部にあったものとわかる。

メダリオンの後ろには、かつてここに片倉工業の本社ビルが建っていたことを説明する銘板があった。昔の外観写真もある。村野建築と同様に構造は鉄骨鉄筋コンクリート造なのだが、印象は異なる。その外壁には花崗岩が使われ、角の部分や玄関ドアの周りなど要所要所には石の彫刻が装飾としてあしらわれた、まさに重厚という表現が相応しいオフィスビルだった。

大きな楕円形の彫刻が飾られた重々しいビルの外観を、私はたしかに思い出していた。オフィスビルでありながら、歴史ある百貨店でも見るかのような、どことなく華やかさも備えた建築だったことを覚えていたのだ。

私はメダリオンの前に戻り、かつてオフィスビルにあった石の装飾を目にしながら、長野県岡谷市で得たものと同じ感慨を覚えていた。

世界に唯一残っているという、フランス式繰糸機を目にしたとき、実物を残すことがいかに重要であるか、しみじみと実感した。そしてそうした企業文化を持つ片倉工業に対して、敬意を抱いたのだ。

同じ姿勢ではないか。

片倉工業という会社は、言葉で伝えるだけでなく、書籍などに書き残すだけでなく、そのものを実際に残すことが先人たちの偉業を次の世代に伝える上でいかに重要であるかを知る、そうした企業文化を持つ会社なのだ。

そしてその精神は、やがて社長に就く柳澤晴夫にも、しっかりと染み込んでいたのだろう。

私は京橋を訪れるまでに知り得た富岡市の歴史を、片倉工業の歴史を、そして柳澤晴夫が口にした数々の言葉を思い出していた。

*

柳澤晴夫は大正12(1923)年9月6日、長野県上田市に生まれた。関東大震災の5日後のことだ。

アサヒスーパードライの大ヒットでアサヒビール中興の祖といわれた樋口廣太郎(大正15年生)や、多角化経営と映画・テレビ協調路線などで東映の中興の祖といわれる岡田茂(大正13年生)らと同世代だ。

柳澤が生まれた上田はかつて「養蚕王国」と呼ばれた長野県の中でも養蚕業の頂点に立つ街であった。周囲には養蚕農家が数多い環境のもとで育った柳澤は昭和23(1948)年、東京商科大学(現・一橋大学)を卒業。片倉製糸紡績株式会社から社名を変更して5年経つ、片倉工業株式会社に入社する。

片倉製糸紡績株式会社が昭和14(1939)年9月に株式会社富岡製糸所を吸収合併すると、間もなく日本は太平洋戦争に突入。蚕糸業は全面統制となり、「日本蚕糸統制株式会社」の統制下に置かれる。昭和18（1943）年に「日本蚕糸製造株式会社」が設立されると、富岡製糸場もその管理下となった。

戦後の昭和21（1946）年4月に富岡製糸場は、片倉工業富岡工場として操業を再開する。この時の従業員数は約500名だった。

その年、初代片倉兼太郎の弟であり、「世界のシルク王」と呼ばれた第二代社長でもあり、富岡製糸場獲得を実現したことでも社史に名を刻む今井五介が死去する。そして翌年には、初代社長の息子であり、第四代社長であった三代片倉兼太郎が死去。その翌年が、柳澤の入社の年だった。

相次いで大きな柱を失った片倉工業だったが、生糸部門を担う工場は昭和23（1948）年時点においては全国に33工場が稼働。従業員は約1万1000人にのぼっていた。

だがそれが昭和39（1964）年には24工場まで減少というように、片倉工業をはじめとした製糸業界は急速な陰りを見せる。業界低迷の背景には多くの要因の重なりがあった。そのひとつは安価な化学繊維の普及だ。かつての官営富岡製糸場が片倉工業富岡工場として操業を再開した昭和21（1946）年には、国内の靴下は絹に代わってナイロン製が過半を占めるようになっていた。

昭和40年代になると、日本の製糸業を取り巻く環境はさらに厳しさを増し、片倉工業においても製糸業の縮小を余儀なくされる。

昭和42（1967）年、埼玉県の大宮工場の敷地内にゴルフ練習場を開業。工場敷地の、そして工場であった跡地の再活用が動き始める。

柳澤晴夫は経理部長から取締役経理部長に、さらに昭和44（1969）年2月、45歳にて常務取締役に昇格した。

私はこの頃の富岡の様子を知りたいと思った。長く住む人たちに話を聞いてみると、見えてきたのは、市と、工場を所有する企業との、友好とは言い難い関係だった。

昭和30年代から40年代における富岡市と片倉工業の関係は、富岡市民が片倉工業を褒め称えるような間柄ではなかった。製糸業界全体の斜陽は、富岡工場と富岡市民との関係に長い影を落としていたのだ。

明治の創立時には尾高惇忠の熱意あふれる説得もあり、共存共栄という意識が地元住民と工場、両者に芽生える中での操業開始だった。国益となる事業に協力すれば、やがて必ず町も栄える。尾高の言葉はそのまま現実となり、製糸場の存在に感謝する者も多かった。

だが時代は明治から大正、昭和へと移り変わり、戦後になると、製糸場の存在を不快に思う発言が聞こえるようになった。煙突から出る煙を見て、片倉が燃やし始めたから窓を閉めろ、洗濯物を入れろというような掛け声が、住民からは頻繁に発せられた。風向きによっては雨戸を閉めろと叫ぶ声も聞こえた。自分たちの生活の中に煤（すす）を撒き散らす煙突に対して、その工場主である片倉工業に対して、よい印象を持たない住民が少なからずいたのだ。

嫌悪を向けるのは煤に対してだけではない。工場から出る独特な匂いに顔をしかめる人がいれば、繭を煮た汁を含む排水に対して、ここぞとばかりに声を荒らげる人もいた。富岡製糸場前の公道の舗装整備は市の予算ではなく片倉工業に請求すべきだという意見も出た。養蚕農家の仲買人の中には、あからさまに片倉工業に背を向ける者もいた。富岡製糸場にとって原材料となる繭を、片倉工業には売らずに信州松本の製糸会社に売っていたのだ。

広大な工場が、「富岡市富岡一番地一」という市の一等地に建つことについて、その存在そのものを疎ましく語る人もいた。

＊

柳澤晴夫が常務取締役に昇格した昭和44（1969）年11月、富岡市において大きな企画が動き出す。3年後に迎える富岡製糸場操業開始100周年を記念して、富岡市は盛大なイベントの企画と準備を始めたのだ。富岡製糸場が操業を開始した明治5（1872）年10月からちょうど100年後に合わせ日程を組んだ、「日本近代産業発祥百年祭」だ。

富岡市教育委員会事務局へ出向したばかりの富岡市役所の職員が、担当を命じられる。市の担当職員は、三井文庫や博物館明治村、岡谷の蚕糸記念館（現・岡谷蚕糸博物館）などから、各種の機械やさまざまな機器、貴重な史料を借り出し、展示の準備を進めた。担当職員は展示場所となった富岡製糸場の東繭置場の中に開催日まで泊まり込んで防犯防火、そして破損防止に気を配った。

予定通り昭和47（1972）年10月10日から15日にかけて、富岡市内各所にて、「日本近代産業発祥百年祭」が盛大に開催された。主催・富岡市、後援として農林省（現・農林水産省）と群馬県のほか、群馬県内10市が名を連ねる一大イベントになった。富岡小学校の講堂ではNHKのど自慢大会が、市内のおまつり広場では富岡まつりとして郷土芸能大会などが行われる中、片倉工業の協力によりメイン会場となったのが同社の富岡工場、富岡製糸場だった。

ゲートの目の前に建つ大規模建築・東繭置場には、周辺地域の養蚕や製糸の歴史を物語る資料が展示された。合わせて創立期の首長ポール・ブリューナが家族とともに住んでいた首長館には、約600名が招待され、官営富岡製糸場関係物故者の慰霊祭など、さまざまな式典が催された。百年祭期間中は、工場も一般開放された。富岡製糸場をパッケージにデザインした記念タバコも企画。特製ハイライト5万箱を市内のタバコ小売店で販売した。

企画立案から実行までを手がけた市の担当職員は記している。

この年の一連の式典や行事などは富岡市という自治体が官営富岡製糸場設立以降、払い下げを受けた三井工業部、それを買い受けた原合名会社及び片倉工業株式会社の各民間企業とともに歩んできた百年間の航跡を回顧するとともに、「この企業あったからこそ」と認識した年であった、と。それは、富岡製糸場があったからこそ今の富岡市があるのだという言葉に集約された。

祭の推進を通じて、市の担当職員の胸に深く染み入ったこの感慨は、彼に新たな企画を起案させる。富岡製糸場の沿革史だった。その書籍こそ富岡市がまとめ、刊行すべき本だという気持ちに衝き動かされていた。

起案書を作成するにあたって、「日本近代産業発祥百年祭」を現場で推進した経験が大いに役立った。各種イベント開催のために資料収集を重ねる中、富岡製糸場については部門別の研究書は数多いが、体系的なものがないという実感を得ていたのだ。新しく刊行する沿革史は、地元に点在する貴重な資料を活用しながら、富岡市という一地域にとらわれずに広い視野でまとめるべきだという方針も、彼の中に立てられる。

書き上げた起案書は、事前に役所内部にて入念な根回しをしたのち、上司からさらに上司へと上がり、「可」とする決裁を得る。担当職員はすぐさま執筆者の人選に取り掛かった。中心となるのは、富岡製糸場について知識が豊富であり、高い見識も持ち合わせ。大局的な見地から研究を進め、執筆まで手がけられる人物でなくてはならない。

この人しかいないと依頼を持ちかけたのは、富岡西小学校の教諭・今井幹夫（みきお）だった。今井教諭は承諾。小学校から富岡市教育委員会事務局に配属され、文化財主事に就いた今井幹夫を中心に研究・執筆が進んだ。

5年が経過しようとする昭和52（1977）年1月。上・下巻合わせて2000ページに及ぶ大著が富岡市教育委員会から刊行された。書名は『富岡製糸場誌』に決まった。「誌」の文字には、多くの事実、記録を一冊にまとめたという意味が込められた。

私は手元にあるその本の写しに手を伸ばしながら不思議な縁を感じた。

『富岡製糸場誌』

初めての現地訪問で、今井清二郎から借りた書籍だった。

その書籍を企画し、市の許諾を得て、人選ほか深く関与した富岡市役所の担当職員の名前を知って、私はため息をついてしまった。取材と撮影をまとめた会員誌発行の記念の会で隣に座った人、津金澤正洋だったからだ。

「今井幹夫記」とある「あとがき」の中には、「事務局は、当初教育委員会社会教育担当大河原昭三主幹・津金沢正洋主査が担当した」とある。

富岡市教育委員会事務局へ出向した富岡市役所職員として「日本近代産業発祥百年祭」の担当を命じられ、「百年間の航跡を回顧するとともに、『この企業あったからこそ』と認識した年であった」と書き記したのも津金澤だった。

津金澤はその開催を前に、東繭置場の北側に運び込まれた貴重な展示物を毎晩、その場に泊まり込みながら点検管理した。

毎晩、洩れのないように、各所から借りた展示物の点検を済ませる。火の気のないことはわかっていながら、この点検作業は念入りに行った。その上で持参した、山登りで愛用しているアヒルの羽入りシュラフ（寝袋）に潜る。

倉庫内には繭独特の匂いが漂っていた。山積みされた乾燥繭の中からは乾いたカサコソという蛹(さなぎ)の音が聞こえてくる。

寝ようとしながら、さまざまな思いが頭に去来した。明治の黎明期にこれほどの大工場を創設した先人たちの願いが思い出された。つい先ほど点検を終えながら、まだ見落としている部分はなかったかと不安を抱きながら、いつしか眠りに落ちる。

それが祭の開催日までの、津金澤の40日間にわたる思い出だった。

＊

富岡市が「日本近代産業発祥百年祭」に湧いた昭和47（1972）年は、片倉工業にとっても節目の年になった。大宮工場が操業を休止したのだ。大宮工場は大正5（1916）年に片倉組が広大な敷地を手に入れて以来、単なる工場としてだけでなく、敷地内の庭園の美しさが評判を呼び、皇族や海外からの賓客も訪れる片倉工業にとっては重要な拠点だった。その工場を休止という決断をして以降、片倉工業は自社工場の操業停止と解体、そしてその跡地を利用した不動産事業拡大へと本格的に舵を切る。

昭和48（1973）年、茨城県取手の工場跡地にショッピングセンターをオープン。さらに大宮工場跡地には昭和51（1976）年にカタクラ園芸センター大宮店がオープンすると、それ以降毎年、フィールドアスレチック大宮カタクラコース、大宮総合住宅展示場というように、跡地内に新たな施設を開業させた。

時代の変化やその地域のニーズに応え、開発内容を変化させながら跡地の再活用に力を注ぎ、賃貸収入を得るサービス部門の売上を伸ばすことで、社内における蚕糸部門の売上低下を補っていた。

昭和56（1981）年3月、柳澤晴夫は代表取締役副社長に就く。

翌昭和57（1982）年6月、中間決算における片倉工業の経常利益が発表された。生糸市況の上昇と、ショッピングセンターの賃貸収入などによるサービス部門の売上が大幅に増え、前年同期に比較して43パーセント増となった。だが年末になり、生糸の取引相場が急速に下落する。柳澤副社長は新聞に、11月、12月は赤字に陥った、とコメントした。

その4カ月後の昭和57（1982）年10月。群馬県全体にひとつのニュースが流れる。

小寺弘之（こでらひろゆき）、群馬県副知事に就く。自治省（現・総務省）から出向して以後、群馬県庁にてさまざまな役職を経た上での就任だった。

年が明けて昭和58（1983）年。片倉工業の採算回復は依然、見込めなかった。58年度12月期は、2割強の経常減益が予想された。前期は社総売上の4割を占めていた蚕糸部門も36パーセント程度に低下。4月に大規模ショッピングセンターが完成すれば賃貸収入が年間約5億円増えるなど、サービス部門の収入は順調に伸びるが、蚕糸部門の採算悪化から経常減益が予想された。

蚕糸部門の足かせの重みが増す中、片倉工業が推し進める多角化路線の中でも一大事業の実現が目の前に迫る。多角化路線を支える不動産事業の、そのもっとも太い柱として期待を込めた、大宮工場跡地の大規模ショッピングセンター「大宮カタクラパーク」の開業である。そしてこの一大事業の開幕と期を合わせるように、副社長の社長昇格が、発表された。

昭和58（1983）年3月30日。柳澤晴夫、代表取締役社長就任。

片倉工業では主要取引銀行からの出向社長が続く中、8年ぶりの生え抜きとなる社長だった。そしてその新社長、柳澤晴夫こそが、前社長のもとで経営計画の策定と推進を担当し、大型工場を休止させ、跡地においてさまざまな開発を手がけ、その賃貸収入の増をもって社の売上を伸ばし続けた人物だった。

59歳の柳澤は社長就任の抱負を語った。

「非生糸部門を一段と拡充して安定利益を確保したい。幸いわが社は業界でもいち早く多角化を進めており、約60パーセントが非生糸部門だ。衣料品、機械加工、日曜大工品チェーンの展開、工場跡地のスーパー向け賃貸などがそれだが、すべて別会社にせずに自社で手がけているので、収益が社の業績につながる。しかも生糸部門の余剰人員吸収にも役立っている」

柳澤が入社した昭和23（1948）年当時、生糸部門を担う工場は全国に33工場が稼働していた。ところが35年後の社長就任時には、わずか4工場のみと、その数は激減していた。鹿児島、東北、熊谷、そして、富岡である。

柳澤は社長に就任して4カ月後の新聞紙上において、社長就任の際の自らのコメントを補足するように語った。

「もうこれ以上、工場を減らすつもりはありません」

さらに、当社の看板は生糸である、とした上で、

「養蚕農家とは共存共栄の関係にあり、農家を支えるという社会的使命も果たしている」

全売上の中での比率を急速に落としつつある生糸部門は、原材料を提供する養蚕農家と共存共栄であり、農家も守り抜く決意を語ったのだ。そして最後にこう結んだ。

「生糸は、戦前は輸出のチャンピオン。今になって役に立たなくなったから死んでしまえというのでは、老人問題と同じ酷な論理。かつて国を育ててきた（生糸のような）産業はある程度みんなめんどうをみてもいいのでは」

社長就任時の、そしてその後の発言を読みながら、私は思った。柳澤晴夫は生糸への、生糸生産への、養蚕農家への並々ならぬ愛情を持つ人だな、と。そして、この人は本当に信義を重んじる人だな、と。

就任の際には従業員を安心させるように、経営は多角化によって未来は明るいと語り、その4カ月後には、工場の現場で働く人たちを、そしてその工場とともに仕事をしてきた養蚕農家の人たちを安心させるように熱く語る。

一方で私は、柳澤晴夫が社長就任した当時の製糸業を取り巻く環境と片倉工業の経営状態を、その厳しさとともに、ようやく理解できた気がしていた。

向かい風に立ち向かう方策として、業界でいち早く多角化を進めたのが片倉工業であり、57歳にして専務取締役から代表取締役副社長に昇格していた柳澤晴夫だった。日曜大工品チェーンなどを展開しつつ、工場跡地のスーパー向け賃貸などの非生糸部門を自社で手がけることで、製糸工場の閉鎖で余剰となった人員の受け入れも成功させるという、新たな経営戦略の立役者であった柳澤副社長が、社長に就任したのだ。

柳澤晴夫は世界遺産登録に湧くマスコミが、その建物維持に貢献した人として取り上げていた。富岡製糸場の存続に尽力した象徴的な人物なのだ。なので私はてっきり一社員の頃からただただ製糸業、社内の蚕糸部門に力を注ぎ続けた人物と思い込んでいた。

社長就任4カ月後の発言からは、蚕糸王国と呼ばれた信州で生まれ育った柳澤の入社時の希望は、養蚕農家とともに繁栄を目指す蚕糸業だったのだろうと推察できる。だが時代の激変が、柳澤にそうはさせなかったのだ。

養蚕と製糸から成る蚕糸業に、並々ならぬ思い入れがあるからこそ、その火を消さずに守り抜くために、抗いがたい向かい風をどうにか乗り切らなくてはならない。休止する工場と残す工場の選択を何度も迫られ、毎年のように苦渋の決断を重ねていたのが柳澤だった。

だが富岡の住民の多くは、次々と沸いてくる憶測を抑えられなかっただろう。新社長はきっと大宮と同じように富岡製糸場も近々操業を休止し、解体し、跡地にして再開発の手を入れるのではないか……。

富岡製糸場の未来への憶測は、街の中心部を工場から別の用途へと再開発を望む人たちを喜ばせ、富岡製糸場の類い稀なる価値を知る人たちは危機感を募らせた。

＊

新聞記事の見出しには、同じ文字が繰り返し使われるようになっていた。

生糸市況低迷、蚕糸部門赤字、減収減益、蚕糸のさらなる落ち込み――。

それらはまるで〝片倉工業〟という文字とセットであるかのようだった。

柳澤が社長に就任した翌年の昭和59（1984）年5月。富岡市内で富岡ロータリークラブ主催のシンポジウムが開かれた。テーマは、「西毛(せいもう)文化都市構想への道」。「日本近代産業発祥百年祭」からはすでに12年が経ち、『富岡製糸場誌』刊行から7年が経過していた。

集まる人たちの間では、片倉工業の蚕糸部門の売上がここ数年思わしくないという情報は共有されていた。その片倉工業が大宮製糸所跡地で大型ショッピングセンターを開業させ、成功しているというニュースも耳に入っていた。

もしかしたら富岡工場も近々……。その気持ちを集まった人たちが抱える中で、ひとりの会社役員がパネラーとして登壇した。富岡青年会議所理事長を務めたこともあり、富岡市観光協会理事や富岡ユネスコ協会理事などを兼務する人物だ。

市長も参席し耳を傾ける中、その人は四つの提案をした。

1　富岡をれんがの街に。
2　オペレッタ・赤煉瓦物語をつくる。
3　繭倉庫の中に名画上演の映画館をつくる。
4　鏑川対岸を観光開発し、橋をつないで一体化活用する。

片倉工業は、大宮では工場を解体し、その跡地にて大型ショッピングセンターを開業させていた。だが多角化を推進する企業だからこそ、富岡では工場を解体せずに再利用することで街全体の活性化を図ってもらおうというものだ。

ひとつ目の主張は、富岡製糸場の外観に倣(なら)い、今後新築、改修する市内の建築の外観を赤煉瓦に統一すべきではないかというものだった。

登壇し、提言した人物を、私はよく知っていた。

今井清二郎だった。

シンポジウムの会場の雰囲気は今となっては想像するしかない。当日聞いていた人たちがどのような感想を抱いたかについては知りようがない。だが私は30年前の今井清二郎に対してつい、同情を寄せてしまった。

なぜそのようなことをしなくてはならないのか、その主張の意図を理解できない人たちからは、市長でも市の役人でもないのに、何を勝手な空論をというような非難の声が聞こえてこなかっただろうか。

富岡製糸場の貯蔵庫や繰糸所の外観に倣い、煉瓦の壁に統一された街並みを創ろうという提案は、そこに市から助成金などがつかなければ、新築の際の工事費に負担が増えるだけだ。そもそも、なぜそのようなことを実施する必要があるのか、実施したことで、富岡市にとって、富岡市民にとって、どのようなメリットがあるのか。

私自身、初めて製糸場の威風を目の当たりにしたときの感動は忘れられない。やはり力あふれる建築は、いくら映像や写真を見ていても、実物を観賞してこそ、その価値が伝わってくる。あらためて実感した瞬間でもあった。

赤煉瓦の建物の巨大さ、敷地の広大さを初めて把握した時、本当にこれが明治初めに建てられたのだろうかと疑問を抱いてしまったほどだ。入場者が必ずそうした疑念を持つことを創立者は先回りして予感していたかのように、誰もがまず眼にする目立つ場所、正面の東繭置所のアーチ頭部の石にしっかりと『明治五年』と刻んでいた。

だがこの建築で貴重なのは、建築そのものが醸し出すそうした威力だけではない。できあがっていく過程と、できたあとに維持されてきた過程にもまた、語りたくなる物語があり、その物語にもまた価値があるのだ。

今井清二郎の提言は、赤煉瓦の歴史に、建築の歴史に敬意を表し、富岡市の10年後、20年後を明治5年から延々と歴史を連ねる魅力的な煉瓦の街に育て上げようというものだった。その根底には、富岡製糸場は教科書に載るほど貴重な存在だからというような漠然とした理由ではなく、その創立に、建設に、操業に、経営に、そして従業員の教育と福利厚生に、尽力した人たちへ礼を尽くすものだった。

*

昭和61（1986）年4月26日。一冊の本が刊行された。

『赤煉瓦物語』

富岡製糸場の建築が、なぜ貴重なのかについて詳細に、わかりやすい言葉で書き下ろされていた。著者は詩人の斎田朋雄（さいだともお）。カバーに著者と並び大きく名前が表記された監修者は、『富岡製糸場誌』では執筆・編集の中心人物であり、この本の肩書きでは富岡額部小校長とある今井幹夫だった。

奥付にはまた別の団体名が明記されていた。編集・赤煉瓦物語をつくる会。冒頭のページ「はじめに」は、著者ではなく、監修者でもなく、編集したその会の代表が執筆していた。それはこんな文章から始まる。

> 関東平野から一歩山あいに入って、「鶴舞う形の群馬県」と上毛カルタにうたわれているその鶴の右翼を形作っている私たちの郷土、富岡を中心とした西毛地域は美しい自然に恵まれています。

そのあとに富岡ならではの情景描写が続く。

> 北東にかけて赤城山・榛名山（はるなさん）を遠望し、西方には妙義山・荒船山（あらふねやま）の山なみが連なり、南には稲含山（いなふくみやま）・赤久縄山（あかぐなやま）・御荷鉾山（みかぼやま）が峰を並べています。
> 帯のように狭い平地を囲むのは、こんもりとした丘陵で、その裾野に桑畑が広がっています。

郷土・富岡への愛にあふれた書き出しだった。そして「はじめに」の後半、3ページ目にはこう記された。

> 官営富岡製糸場に関する資料はほぼ完璧に収集され、「富岡製糸場誌」（富岡市教育委員会発

行・上下二巻）として集大成されています。今回の発刊にあたっては、この内容を全面的に活用させていただきました。

大著を讃え、全面的に活用したという言葉。私はそこに、この『赤煉瓦物語』をきっかけに、ひとりでも多くの人に内容充実のその大著も、読める部分だけでよいから読んでほしいという願いが込められているように思えた。

「はじめに」の中では、富岡製糸場が日本各地の製糸工場の近代化を目的に創った模範工場であり、設計はフランス人が手がけ、資材の調達が困難を極めたことも記されている。加えて、工場の職場環境は「女工哀史」とはまったく異なる夢のある職場であったことも簡潔に語られていた。『富岡製糸場誌』刊行後に生まれた新たな事実の記述もある。

横浜開港史料館が昭和60（1985）年に公表した「日本赤煉瓦建築番付」では、「片倉工業富岡工場」が、横綱の東京駅、北海道庁に続いて、大関に位置づけられたというのだ。こうした一般読者の関心を引く内容が加筆され、本文はまるで講談を聞いているかのような、読者に語りかける優しい文体になっていた。

誰にでも気安く読めるように物語風にまとめました、とあるように、まさに誰もが気負わずに読めるように書かれた本なのだ。

そして「はじめに」の一文は、こう締め括られた。

地域を愛する人々が、この地域に誇りを持つ、そんな一助になれば幸いです。

『赤煉瓦物語』は、9年前に刊行された『富岡製糸場誌』に感動を覚えた人が、企画と編集を手がけ、「はじめに」にその思いの丈を書き記していた。

実はその人は2年前に、富岡製糸場の物語をつくると、シンポジウムで公言していたのだ。

「2 オペレッタ・赤煉瓦物語をつくる」という言葉で。

そう、今井清二郎だった。

今井清二郎が「内容を全面的に活用させていただきました」とする書籍『富岡製糸場誌』があったからこそ、この『赤煉瓦物語』は生まれた。そしてその『富岡製糸場誌』は、富岡市役所の一職員・津金澤正洋が起案文書を書いたからこそ刊行され、その起案書は、津金澤正洋が「日本近代産業発祥百年祭」に深く係わったからこそ生まれ出たものだった。

ふたりの男からは、共通した思いの深さが伝わってくる。

富岡製糸場があるから、今の富岡がある――。

その思いをひとりでも多くの人と共有したい。次の世代に伝え残したい。

ふたりの男を結んだのは、富岡製糸場への敬愛だった。

だがこのふたりが実際に面と向かうのは、9年先のことだ。

いや、ふたりではない。

いずれ出会うのは、三人だった。

収支の構図に変化は表れなかった。

不動産賃貸収入による売上高の大幅な増収があったとしても、片倉工業のかつての大黒柱、蚕糸部門の赤字が重くのし掛かるという状況は変わらなかったのだ。

社長の柳澤晴夫が語る。

「決め手になるような大きな仕事を見つけるのは難しく、結局はコツコツ小さな仕事を探し経営を安定させていかなければいけない」

柳澤は多角化をさらに推し進めていく。

農業及びレジャー用に昆虫の生産・販売、海外の著名デザイナーや音楽家の名を冠したブランド品の企画・販売等々。さらに電子部門を生産する新潟工場の新設に加え、機械加工部門の大宮製作所にも新たな機械工場の増設を決定。脱生糸路線のさらなる強化を図った。

昭和60（1985）年6月中間期決算では、蚕糸部門の売上はさらに落ち込み、全売上に占める割合はついに3割を切る。それでもその部門の採算悪化が響き、減益となった。

そして迎えた年末の決算。創業以来、部門別で常にトップの座にあった蚕糸部門は、ついにその座を肌着や靴下などの男性衣料を中心とした衣料部門に明け渡すことになる。

明けた昭和61（1986）年。柳澤は腹を括る。

「脱蚕糸」を明確にした新3カ年計画を発表したのだ。目標を昭和63（1988）年4月に迎える

創業115周年とし、機械加工部門や小売事業部門を拡充する多角化を一層強化する。その結果として、3年前には全売上の4割を占めていた蚕糸部門の売上が2割を切ることも止むを得ないと決意した。

その新3カ年計画発表のすぐあとのことだ。

昭和61（1986）年5月。富岡青年会議所の起案・主催、会員らの尽力と、群馬県、富岡市、片倉工業ほかの後援による富岡工場の休業日を利用したイベントが「ザ・シルクデー」と名づけられ、2週にわたって開催された。「ミス・シルク・コンテスト」や売り出し中のバンド「ネイティブ・サン」のライブなどを開催。富岡市内の小中学生による工場の写生大会も開かれた。新聞が記事として取り上げ、富岡住民の目には、工場の持主である片倉工業が工場建物の休日活用を考えてくれた結果、実現できたイベントというように映った。片倉工業協力による富岡住民のためのイベントというように。

だが、そのイベントの企画を聞いた当初の片倉工業の対応は、冷ややかなものだった。

青年会議所のイベント立案担当者は、片倉工業の富岡工場長を訪ね、場内を利用したイベント開催の検討を依頼した。だが自分の月給以上に高額なシルクの背広でも買えば検討するといわれ、すごすごと帰る。それでも粘り強く交渉を重ねた結果、片倉工業が売り出し中の女性用下着、シルクのパンティ10枚の購入で前向きに検討してもらえるようになった。その後も本社上層部へと何度も足を運び、関係者の意向を汲みながら実現にこぎ着けたのだ。

片倉工業にとって、生糸市況低迷の大きな原因は、着物需要の頭打ちにあった。そこで生糸需要

の喚起に向け、着物の似合う女性を集めつつ、絹の女性下着や和服地も合わせて展示することで、着物需要を喚起するイベントであればと協力したのだ。市民の眼にはただ楽しく映る催しは、柳澤晴夫にとっては「コツコツ小さな仕事」のひとつだった。

片倉工業による既存工場建築の活用は、東北においても進められていた。東北工場の一部を改修、マイタケ生産を本格化させると発表したのだ。これもまた多角化路線の一環だった。

さらに梅雨の季節に入ると、生糸需要喚起策の一環として、2年前から発売を始めている新商品について社長の柳澤晴夫自ら愛用を強調してコメントした。

「いよいよシーズンが到来した。ここから絹のフンドシをはくぞ」

生糸でできた絹のフンドシについて社長自身が新聞で愛用を公言することで、生糸需要の新たな喚起に努めたのだ。事業の縮小を図りながらも起死回生を狙う、柳澤の生糸への愛着には並々ならぬものがあった。

しかし着物離れが一段と進み、生糸事業の売上は想定をさらに下回る。さらに機械加工部から名称変更して本格展開を予定していた機械電子部は円高により輸出が落ち込んでしまう。新三カ年計画は、華々しい発表からわずか半年で下方修正せざるを得なくなった。

稼働を続けていた4つの工場は存続させると熱く宣言した社長就任からまだ4年弱しか経っていない昭和61（1986）年末。柳澤は決断をする。昭和50年代までは300人近い従業員が年間約420トンもの生糸を生産しながら、昨年は従業員も100人を割り、生産も約200トンに落ち込んでいた1軒の工場の操業休止を決めたのだ。

片倉工業は関東地方に富岡と熊谷、２軒の工場を稼働させていた。従業員は富岡の工場を上州の工場、㊤「マルジョウ」と呼び、熊谷の工場を旧地名の石原（いしはら）村の工場、㋑「マルイ」と呼んでいた。もしも閉鎖されるようなことがあっても、マルイが先だろう、マルジョウは最後だろうと予測していた。ところがその社を象徴するマルジョウが先に休止されることになったのだ。

年が明けた昭和62（１９８７）年１月14日。

上毛新聞が朝刊の一面に載せた記事には、大きな見出しが刷られていた。

『１１５年の歴史に幕』

片倉工業が２月末で、明治以来１１５年間稼働し続けた富岡工場を閉場すると記事は伝えた。

１月24日。日本経済新聞の北関東地方経済面にも記事が出た。見出しの中には『市・県は静観の構え』としながら、記事本文の内容は〝静観〟とは異なるものだった。

片倉工業の幹部社員が地元富岡市や県などを廻り、停止の理由と今後の対策を説明したと書かれていた。96人の従業員については引き続き同社の熊谷工場への配転を進め、再雇用には責任を持ち、富岡工場と繭の納入契約を結んでいる養蚕農家からは繭の購入を継続するとも書かれた。

さらに片倉工業が工場を「取り壊すようなことはしない」と説明したと報じ、観光施設として使う意向を示唆したとあった。

「示唆」という曖昧な言葉とともに語られた方針について、市を、県を代表する人は、堂々と私見を披露した。富岡市の助役は、当面は口出しするつもりはないと語りながら、「歴史的建造物を残したまま再活用してくれるだろう」と述べた。

群馬県副知事の小寺弘之は、今こちらから動くつもりはないとしつつ、県を代表して語った。

「片倉工業が今後とも保存に力を入れてくれるのはありがたい」

市と県の代表者はいずれも、口出しはしないと言いつつも、再活用を、保存をと、それが規定路線であるかのように語った。

さらに突っ込んだ発言をしたのが、工場を利用した前年のイベントで実績のある富岡青年会議所だ。保存するには私企業では負担が大きすぎるとした上で、国、県、市を挙げて工場の買い取り運動を進める考えを示した。

合わせて市民からの声も記載された。

「文化財にして保護すべきだ」

「倉敷市の倉敷紡績の工場のようにホテルやレストランに改修してみたらどうか」

その上で、記事はこう結んだ。

「企業の私物とはいっても、市・県民にとっては〝郷土の財産〟という意識が強い。片倉工業の自主的保存方針に対して、皆が賛成しているわけではないのが現状。同社が打ち出す工場再利用計画の内容いかんによっては、保存をめぐって議論百出となりそうだ」

10日後に続報が載る。

富岡工場の保存などを目指す市民団体も4月には発足すると報じた。シンポジウムや資料展を開き、工場を核にした観光資源開発について論議するというのだ。しかもその論議や展示の場は、工場内でと書かれていた。

私はこうした記事を読みながら、柳澤晴夫の気持ちを慮らずにはいられなかった。まるで所有する企業の、そのトップの気持ちを逆なでするかのような記事に思えたからだ。

なぜ休止せざるを得なかったのか。

休止決定の背景について、記事はほとんど伝えていなかった。郷土の財産である以前に、財務内容の改善にもがき続ける企業の所有物であることについて、その企業の窮状について、工場建築所有者の立場からの見解はどこにも見当たらなかった。一方で市や県といった、いわば外野の勝手な思い入れを、記者自身の思い込みを、いかにもそれが正論であるかのように語るばかりだった。

私はむしろ、片倉工業の幹部社員が地元富岡市や県などを廻り、停止の理由と今後の対策を説明しつつ、富岡工場と繭の納入契約を結んでいる養蚕農家へも配慮したという報道に感銘を覚えた。柳澤晴夫の揺るぎのない姿勢が見えたからだ。

信義にもとるようなことをしてはいけない——。

＊

昭和62（1987）年3月5日午前11時半。片倉工業富岡工場内のブリューナ館にて閉所式が開かれた。

式には富岡工場の従業員96人と片倉工業の社長ほか計１００人が参列。機音の消えた工場で記念写真を撮った後、物故者に対して全員が黙禱した。

工場に勤めていた人たちの胸には、操業を休止するのであれば、同じように稼働し続けていた熊谷工場のほうが先だろうという思いがあっただけに、驚き、悲しみ、そして嘆きの声が上がった。

「皆さま、お久しぶりでございます」

頭上の文字幕には太い金文字で㊤と書かれている。壇上に立った社長の柳澤晴夫は、語りかけるように話し始めた。

皆さま、お久しぶりでございます。

本日、この富岡工場操業休止にあたり、ご挨拶を申し上げます。

去る1月12日、会社から提案いたしました富岡工場の操業休止につきましては、労組本部・支部組合員の皆さま、従業員の各位に大変な不安とご心労をお掛けいたしましたが、このたび、皆さま方には今回の提案を良くご理解くだされ、極めて辛いご決断であったことと思いますが、これにご同意くだされ、心から厚く御礼を申し上げます。

1872年、すなわち明治5年、明治政府が殖産興業・富国繁栄のため、この場所で生糸の製造を始めてから本年は115年目になります。生糸はご存知のとおり、明治以降の日本経済の発展の歴史にとって忘れることのできないものであり、また明治以降、大正、昭和及び敗戦後の昭和30年前後まで、わが国の外貨獲得に大きな貢献をし、永い栄光の歴史を有する貴重な輸出商品でありましたが、このたび、この生糸の近代工場としてのメッカ、当富岡工場における生糸の製造をやめることといたしました。

この製造休止にあたり、まず創業以来、当工場に係わられた幾多の先輩、従業員の方々、及び当工場を支援してきてくださった養蚕家、生糸の取引先、関係行政機関、そのほか関係者の皆さま方に心から感謝の意を表します。

ここで生糸を作ることをやめた訳ですけれども、この仕事はそのまま熊谷工場に引き継がれまして、これからお世話になった先とは、これからも従来と変わらず色々お世話になる訳でございますが、この点、まったくこの工場と外との関係が消えてなくなる訳ではございませんことを、ひとつお含みいただきたいと思います。

さて、創業当時、官民こぞって協力し、新しい日本創造の意気と使命感に燃えて華やかに創業した115年前の日本。こんにち、こうしてわたくしが皆さんに生糸製造休止の挨拶をせざるを得ない115年後の社会・経済情勢を想い合わせますと、歴史の変化、時代の推移の重みが肌身に迫る思いでございます。

「創業と守成といずれが難きぞ」という言葉がございます。

115年前、創業に携わった方々には、大変なご苦労があったこととは思いますが、創業と繁栄という無限の夢を持って、生糸製造の事業育成にあたることができました。しかし次の世代以降の人々は、事業の益々の発展のため、115年にわたり目立たない地味な苦心と努力を重ねて、こんにちまで創業に加わった人々に劣らぬ難しい守成の仕事に精進してまいった訳でございます。

しかし最盛時、昭和4年の日本全国の養蚕農家は220万戸ございました。また昭和9年の生糸生産量は75万4千俵でございました。この蚕糸業も、現在は養蚕農家が10万戸弱、生糸生産量も15万俵程度となりまして、その上、製糸業者の採算も極めて劣悪な経営環境下にあることは、すでに皆さんご承知のとおりでございます。

たとえ「力山を抜き、気は世を覆う」気概をもってしても、「時に利あらず」という如何(いかん)ともいたしかたのない、時勢におけるひとつの決断をせざるを得ない事態に立ち至りまして、誠に残念ながら富岡工場における生糸製造休止の決断により、今、こうして皆さんに挨拶を申し上げる訳でございます。

本日この日、生糸製造最後の日まで頑張って115年の締めくくりの式に出席されている皆さんに改めて心から、

「ご苦労さまでした」

「ありがとうございました」

と感謝の意を表します。と同時に、皆さんのお立場は先に述べた創業当時の華やかだった人々に優る、貴重かつ忘れ得ない歴史に残るものでございます、と私は申し上げる訳でございます。

どうか本日、この席に出席の事実を一生の誇りとしてください。

また併せて115年前の創業以来、この富岡工場に係わってこられて亡くなられた方々、お元気で生存の皆さんにも、今回の措置について十分なご理解とお許しを得たいと心ひそかにお願い申し上げ、祈りを捧げる次第でございます。

なお、特にひと言申し添えておきたいことがございます。

富岡工場における生糸製造を休止し、生産を熊谷工場に集約・合理化するということが公になりましたら、大変世間の注目を集め、本日も報道関係の皆さんが大勢来られております。そのご関心を、名残を惜しまれるお気持ちなどについては、十分承知し、理解もし、感謝の気持ちを持っております。また従業員の皆さんに、職場の変更、そのほか大変ご迷惑をお掛けしておりますが、富岡工場が工場という名のままかどうかは別として、消えて無くなってしまうのではないということをご承知願いたいと思います。

わたくしとしては、生糸製造の休止はこの敷地、建物の中における業務が変わるだけのことと考えております。それゆえ、生糸を作ることをやめると同時に、おおかたの人々が関心をお持ちの歴史的施設を破壊する訳でもございません。まあ例えば、お菓子屋さんが酒屋さんになったり、八百屋さんが魚屋さんに商売を変えることにしか過ぎないということで、片倉工業という会社がここからまったく撤退してしまうことでもございません。

この点、富岡工場の将来の有りようは、従来の休止製糸工場とは同様ではございません。生糸製造を休止しても、歴史的、文化的価値が高く貴重であると評価されている、この建物・諸施設及び創業以来の当工場関係者の富国繁栄、殖産興業に心血を注いでこられたその意気盛んな心が、今後も脈々として受け継がれ、この工場が物心両面で若々しく活気をもって生き永らえていくよう、今後の管理・運営を図っていく考えであり、単なる遺物とか見せ物としておくつもりはございません。具体的活動には、多少時間が掛かるかもしれません。社内外の知恵を絞ってこの趣旨に沿った二ューカタクラに相応しいものにしたいと思っております。

したがって本日は、この式も社内の業種転換と考え、先ほど申し上げたように、この工場は富岡市から消え失せてしまうということはないので、地元の方々が大変色々お気遣いをしてくださっておりますが、わたくしどもは、今申し上げた考え方でございますので、お気持ちは大変ありがたく感謝しております。

ここにお集まりの皆さん、この席に特に社外の方々は一切お招きしておりません。

ここにお集まりの皆さん、これから職場が変わり、住居が変わり、あるいは退職され別れ別れになる訳ですが、新しい職場、生活環境に早く馴染み、「富岡にいた皆さんは――」と敬意を表されるよう頑張ってください。

また働きながら学ばれている方々は、転校など色々とございましょうが、志を固くして立派に学業を修め、将来に備えてください。

この工場が21世紀へ向けて、新しく生まれ変わり、皆さんが、富岡工場、製糸業最後の仲間として、再び快く集まれることのできる日の一日も早く来たることを期待し、念願して、わたくしの挨拶といたします。

皆さん、お元気でお幸せにお過ごしください。以上でございます。


式はごく内々にひっそりと執り行うだけで終了の予定だった。だが年頭の新聞記事のために、予想外の事態となった。多くのマスコミ関係者が取材に押し寄せ、社長は式後に記者の質問を受けざるを得ない状況になる。

記者の、そして市民の関心もまた、工場の今後についてであった。片倉工業は、操業休止したほかの工場を取り壊し、跡地をショッピングセンターなどに再開発を続けている企業だけに、富岡工場も同じ方針をすでに決定した上での閉所ではという憶測があった。

記者からの質問に、柳澤晴夫は初めて公式に答えた。

「知恵を絞って、『ニューカタクラ』にふさわしいものをつくりたい」

「今後は5年後に予定されている上信越自動車道開通を目途に観光・レジャー施設として生まれ変わる」

「生糸製造業務をやめても、工場の建物までなくすわけではない。歴史的、文化的価値のあるものを残したままで、工場跡地を再利用する方法を検討していく」

富岡市へと届く上信越自動車道の開通は5年後、昭和67（1992）年を予定していた。

私は柳澤の従業員に向けてのメッセージに、深い感銘を受けていた。中でもとりわけこのひと言が胸に沁みた。

ここにお集まりの皆さん、これから職場が変わり、住居が変わり、あるいは退職され別れ別れになる訳ですが、新しい職場、生活環境に早く馴染み、

「富岡にいた皆さんは――」と敬意を表されるよう頑張ってください。

柳澤が「富岡にいた皆さん」という呼びかけに願い、思い描くのは、まさしく明治の政府が目指し、尾高惇忠が実現させた工女たちの姿そのままだった。明治期の「富岡工女」という肩書きにはやがて名誉が伴い、その定評は遥か遠くの地方にまで届くようになったという、その姿だった。

*

私は東京、京橋にあった本社ビル跡地の視察を終え、JR京浜東北線でこの日の次の目的地、さいたま新都心駅に降り立った。駅に直結するショッピングモールを視察するためだ。

改札を出て右を見ると、そこにはもう4棟から成る大規模商業施設「コクーンシティ」が見える。駅の反対側にある「さいたまスーパーアリーナ」には何度もライブを楽しみに訪ねていた。開演前にちょっとした買い物に寄り、ライブ終演後にも食事に立ち寄っていたのが「コクーンシティ」だった。

コクーンって「繭」の英訳だと思いつつ、単に洒落たネーミングとしか考えていなかった。その名称が、かつて繭を原料とする製糸業の頂点に君臨した会社に縁があるとは思いもしなかったのだ。

片倉製糸紡績が約8万坪というこの広大な敷地を手に入れ、近くですでに稼働していた大宮製糸所（のちの大宮工場）を移転し、大工場としての活用を始めるのは大正5（1916）年のことだ。その大宮工場を操業休止とし、のちに「コクーンシティ」となる大規模ショッピングセンター「大宮カタクラパーク」を開業させるのは、柳澤晴夫の代表取締役社長就任と同じ、昭和58（1983）年である。

改札から続く2階通路を歩きながら、私にとってこの商業建築は、京橋にあった本社ビルと同じだと思った。その存在を知りながら、その前を何度も行き来しながら、ここでは中に入って利用までしながら、まさかあとになってこうして取材目的で訪れるようになるとは思いもしなかったのだ。こうして京橋へ、そして大宮へと足を運ぶ前、柳澤晴夫の歩みを追ううちに、いよいよこの日が来たかという思いがした。

片倉工業富岡工場の操業休止。

そして、柳澤晴夫が富岡工場の従業員にかける言葉に、私は胸を熱くした。それは明治以降、富岡製糸場に係わったすべての人への誠意あふれるスピーチだった。

一方で、新聞紙面に掲載された文面には危惧を覚えていた。住民の多くが抱える憶測を柳澤晴夫は感じ取っているからこそ、それを否定するためにわざわざコメントしたのだろう。だがその内容を伝える記事そのものが、憶測に現実味を持たせることになったのではないだろうか……。

観光・レジャー施設として生まれ変わるのを目標に、歴史的、文化的価値のあるものを残したまで、工場跡地を再利用する方法を検討していく。それが操業休止時点での柳澤晴夫の考えであると記事は伝えていた。

「工場跡地」や「生まれ変わる」という言葉は、建物の解体を連想させた。歴史的、文化的価値のあるものを残すとはいえ、「再利用」となれば、多くの建物は丸ごと解体して「跡地」とし、歴史的、文化的価値のある建物においても、残すのは外観だけで内部は大幅な改装工事が施されるのではないか。その再利用の方法は見えないものの、片倉工業が観光・レジャー施設を運営する会社に貸すのではと推量させる記事だった。

たしかにこうして、かつて大宮工場があった場所に来てみると、工場が一掃された更地に新しい建造物が建つというイメージがなおいっそう現実味を持つ。建築を新たに建て直すことで、街全体が活気を帯び、日々大勢の観光客が行き来する、そんなきらきらした未来が浮かんでしまう。

柳澤晴夫に取材した記者は文面の最後にわざわざ、記者自身の憶測を書いていた。

「観光施設として敷地の一部を再開発すると見られる」

記者が、観光拠点としての再活用が富岡工場の唯一の未来であるように語る中で、柳澤晴夫にしてみれば、マイタケ栽培に向けて改修を実施した東北工場のように、電子部門を生産するために新設された新潟工場のように、多角化を推し進めるための再利用の案も頭にはあっただろう。利益向上のための再利用だけでなく、上諏訪の片倉館のように、まずは従業員のために活かすという考えもあったかもしれない。

だがこの件についてその後、柳澤晴夫が口を開くことはなかった。その口は製糸場の門とともに堅く閉ざされたままになる。

門の外では憶測が憶測を呼んでいた。

第6章

生き残りをかけて

操業休止を受け、片倉工業富岡工場は片倉工業富岡管理事務所になった。しかし富岡工場を休止しても片倉工業の業績悪化には歯止めがかからなかった。

原料の繭の割高により蚕糸の採算は低下、機械電子も円高により不振、減収へ。富岡工場が操業休止した昭和62（1987）年12月期は減収減益となった。

社長の柳澤は採算悪化を食い止めようと、10月末には富岡に続いて鹿児島工場の休止を、翌年の昭和63（1988）年2月には東北工場の操業も休止する。

生糸生産拠点として残るのは熊谷工場だけとなった。

12月期の決算では、蚕糸部門の売上はついに10パーセントを切ることが予測された。代わって小売事業と開発事業が社の柱になろうとしていた。

ところが上期が始まると糸値の高値が続き、蚕糸部門の採算が急遽改善し始める。赤字は残るが、経常利益は4割増になるのではとの新たな予測が出るほど、ここ数年では珍しく明るい報道があった直後、糸値が下落。合わせて原料である繭価格も上昇し、下期は採算悪化が避けられなくなる。

市況に左右されやすい蚕糸部門が片倉工業の足かせとなっている現況をあらためて社の内外に印象づけた。

生糸部門の名門。

長年そう呼ばれ続けてきた会社は、蚕糸部門は年々売上が減少、ついに社内の部門別で売上トップの座を衣料品部門に譲った。創業以来、初めてのことだった。

社の構造改革を推し進める柳澤晴夫のリーダーシップのもと、片倉工業は閉鎖した工場跡地を年一カ所ずつ程度のペースでショッピングセンターを建設し賃貸する方針を発表した。

同じ年、昭和63（1988）年12月、ひとつの企画書が起案された。

企画書のタイトルは英文と和文の併記。

『SILK STORY　おかいこの一生』

企画の主旨は、こう記されていた。

「群馬県内各地域において蚕の生産農家の減少と養蚕の機械化が進むことで、伝統的な養蚕のならわしが消えてしまうことを危惧し、養蚕にかかわるすべての写真を記録しておくことは当地域にとって意義がある」

写真展開催と写真集の出版を目標としながら、この主旨に賛同するアマチュア写真家10名ほどによる「SILK STORY 写真家集団（仮称）」を組織するための企画書でもあった。撮影に使うカメラ機材やフィルムの指定、さらに発色や質感についての記載からは、起案者自身の写真撮影についての技量と知識の高さもうかがえた。

翌平成元（1989）年1月には集団を組織し、撮影を開始。年末には市内ショッピングセンター内のギャラリーで写真展を開催。さらに平成2（1990）年には、追加・補足撮影を実施した上で、年末には「県央」または「東京」で2回目の写真展開催を目標とした。

そしてこの企画書には、起案者のふたつの願いが込められていた。

そのひとつは、古くからこの上州に根ざした養蚕という産業文化を、蚕が生んだ繭から生産される製糸と織物という産業も合わせて、撮り下ろした写真を通じて永く後世へと受け継いでいきたいという願いだった。

養蚕業とは、桑を育て、蚕を飼い、繭を生産することだ。その繭から生糸をつくるのが製糸業。そしてその生糸を染め、織り、反物などに仕上げるのが織物業だ。これら三つの産業を合わせて絹産業と呼ぶ。

上州における絹産業は、この地から貢納された絹が正倉院にて確認されていることから、8世紀中頃、奈良時代にはすでに存在したものと考えられている。絹産業の重要性はその後も継続され、明治維新後、明治から昭和にかけては農家の7割が、戦後においてもおよそ半数が、養蚕を行っていた。

製糸業においても、明治5（1872）年に官営富岡製糸場が完成したことで、器械製糸が急速に普及していく。一方でこの地には江戸時代から、歯車仕掛けの木製の簡単な繰り糸の道具である座繰器を使用した製糸業が普及していた。煮繭鍋から糸を巻き取る座繰製糸によって、養蚕農家自身が製糸まで手がけるこの産業文化は戦後、自動繰糸機が導入され、養蚕農家独自の製糸生産量も増えていったのだ。

こうして生まれた生糸は、輸出されるだけでなく、桐生や伊勢崎など群馬県内の織物産地に運ばれ、商品化されて全国へと流通した。富岡農家の養蚕によって生まれた生糸を富岡にて織った「富岡絹」も流通したが、桐生の絹は江戸時代から、西の西陣、東の桐生といわれたほど、高級絹織物の産地として栄えた。

群馬県は、養蚕農家数、繭生産量、製糸生産量はすべて全国1位を誇るほど、養蚕、製糸、織物を合わせた絹産業が奈良時代以前から発達した希少な地域だった。

写真展及び写真集の実現に込められたもうひとつの願いは、書類の企画概要の最後の一文に込められていた。4年後の最終的な目標として、こう書かれていたのだ。

「いずれ実現されるであろう旧・官営製糸場（現・片倉工業株式会社工場跡ほか）の資料展示室に永久展示されることである」

つまりこの企画書は、前年・昭和62（1987）年の初頭に富岡製糸場が操業を休止した際に、「再利用」を目標として掲げながら、その後何も動きがない片倉工業に対して、再利用案についての私案をも盛り込んだ企画書だった。

そして実現のための写真家集団を募る企画発起人は、4年前のシンポジウムでは富岡製糸場に敬意を表する提言を行い、2年前には富岡製糸場への市民の関心を喚起する書籍『赤煉瓦物語』を編集した、今井清二郎だった。

企画は掲げられたスケジュール通りに動き出す。立案から約1年後の平成元（1989）年11月30日、約2週間の日程でショッピングセンター内の市民ギャラリーで写真展が開催された。

タイトルは、『おかいこの一生』。

半切サイズ（432ミリ×356ミリ）のカラー写真40点が展示された。

計12名の「シルクストーリー写真家集団」の代表となった今井は、写真展案内状の「撮影メモ」においても、カメラ機材やフィルム選びの規準、撮影画像についてのこだわりと、撮影協力者への謝辞を記した。

さらに開催前日の新聞社のインタビューで今井は、こう答えた。

いずれできると思う旧・官営富岡製糸場（操業停止した片倉工業富岡工場）に関する資料館に、展示保存を目的にシルクストーリーの写真を撮影してきた、と。

富岡製糸場再利用の私案を、新聞紙面においても明言したのだ。


紙面に掲載された今井清二郎のインタビュー記事を読みながら、私の胸には4年前のシンポジウムにおける提言を読んだ時とはまた別の危惧が浮かんでいた。

せっかくの企画案が埋もれてしまうのでは——。

富岡製糸場が操業を休止する前、シンポジウムでの提言を知った時に私の胸に生まれたのは、片倉工業富岡工場が稼働中なだけに、夢物語として真剣に耳を傾ける人が少なかったのではという不安だった。だが製糸場の操業休止が現実となり、街中でも新聞紙面においても、元・片倉工業富岡工場の再利用案が語られる機会が急速に増えた。休止から1年が過ぎ、2年が過ぎようとする中、その傾向は明らかに加速していた。けれども披露される案はどれも、思いつきでしかなかったり、どこかで聞いたありきたりなものであったり、中には私欲が垣間見える案であったりした。

私は『おかいこの一生』という新鮮な切り口の今井案が、そうした有象無象の私案の中に埋もれてしまったのではと懸念したのだ。切り口そのものは斬新であり、製糸場への、養蚕業への愛はほかにはないほど深いものだったが、残念ながらほかの再利用案と同様に、片倉工業の逼迫した蚕糸部門の現状については触れられていなかった。

富岡市の住民が語るのは常に、市民のために、県民のために、という立場からの発言であった。そこには蚕糸部門の赤字を埋めようと多角化に尽力する柳澤晴夫にとって、その従業員にとって、どのような活用法がベストなのか、そうした配慮ある視点に立った再利用の案はどこにも見られなかった。

だが将来実現する案へとつながる泉は、この年、平成元（1989）年に実は人知れず湧き出ていたのだ。それは片倉工業の社内からでも、富岡の市内においてでもなかった。

泉の源は、霞が関だった。

＊

平成元（1989）年、「近代化遺産」という言葉が生まれた。

文化庁は各都道府県の教育委員会を実施主体とし、総事業費の半分を文化庁が支出する補助事業、「近代化遺産総合調査」に踏み切る。そしてこの調査を実施するにあたり文化庁が使い始めた造語が「近代化遺産」だった。

製糸場、製鉄所、造船所などの工場設備や機械、鉱山、橋、ダム、トンネル、発電所、鉄道などの建造物に加え河川施設や港湾施設など、幕末以降の日本の近代化を支えた施設を「近代化遺産」と名づけ、全国の都道府県において実態調査の実施を決めたのだ。特に優れた近代化遺産を重要文化財に指定し、保護することを目的としていた。

調査を実施するにあたって文化庁の依頼で事前の調査に当たっていたひとりが、国立科学博物館研究員の清水慶一だった。昭和25（1950）年生まれ。日本大学大学院生産工学研究科博士課程を修了した後、工学博士号を取得。『建設はじめて物語』や『木造校舎の旅』などの著書もある。このとき、39歳。

事前調査の結果、群馬県は秋田県と並んで、全国に先駆け最初に本調査が実施される県に選ばれる。理由は、「旧官営富岡製糸場」という極めて重要な近代化遺産の存在が建築界ではすでに知られていたからだ。ただちに調査委員会が組織された。

主任調査委員には、清水が〝恩師〟と語る村松貞次郎（ていじろう）が就く。日本近代建築史の権威だ。このとき、65歳。4年前の昭和60（1985）年3月に東京大学教授を定年退官、名誉教授の称号を受け、法政大学の教授として教鞭を取っていた。合わせて、この調査期間中の平成3（1991）年6月には博物館明治村の第三代館長にも就任する。

調査委員として清水のほかに、群馬県文化財保護審議会副会長の近藤義雄（よしお）、東京工業大学助教授の藤岡洋保（ひろやす）、群馬教育センター指導主事の村田敬一（けいいち）が就いた。事務局は群馬県教育委員会文化財保護課に置かれ、実務は群馬県立前橋高等学校の教員から異動した主任・松浦利隆（まつうらとしたか）が担当した。

まずは調査の方針を決め、方針に従い個々の物件を県内市町村で調査する調査員を決め、実地調査。各調査員からあがる調査データを事務局が整理、分析。その結果を専門家の各委員に報告。委員もまた現地調査をした上で執筆し報告書を制作、刊行するというのが大まかな流れだ。松浦の起案した年間予算は国が２００万円、群馬県が２００万円、調査を2年計画として総額８００万円の予算が通り、平成２（１９９０）年、群馬県では全国初の調査が動き出す。

しかしこの時点では、事務局となった群馬県職員の誰もが「近代化遺産」という言葉の意味をよく理解できていなかった。調査対象として何が含まれて、何が含まれないのか、その線引きとなると、まったくわからなかった。

平成２（１９９０）年5月、県内市町村の文化財保護関係職員約１００名が参加する研修会兼第1回調査委員会が伊香保のホテルで開かれた。主任調査委員の村松は懇親会の直前に会に駆けつけ、浴衣姿の寛いだ雰囲気で職員たちの前に立った。

村松は自身の近代建築調査の経験を語りながら、今回の調査の趣旨と意義、そして調査結果を受けて選ばれた近代化遺産の保護がいかに重要であるかを説明した。その上で、どうか力を貸していただきたいと頭を下げた。

県内市町村の調査員が書き込みたくなる調査票にするには、どのようなレイアウトがよいか。どのような欄をつくるべきか。第一次調査で洩れのない網羅されたリストにするには、調査員にどのように依頼したらよいか。その市町村でしか知られていないようなエピソードまで書き込んでもらうには……。

調査の実施は群馬県が初であるだけに、事務的な課題が山積だった。その山を一つひとつ切り崩す準備作業は、清水と松浦を中心に、何度も議論を重ねつつ進められた。

第一次調査は伊香保での委員会の翌月、6月から実施。各市町村からは10月末までに調査表が戻され、610件のリストと所在地、用途などが整理された。その後も各市町村からの推薦があり、当初のおよそ倍の1200件の物件が集まった。

12月、第二次調査委員会が開かれた。委員会はリストを精査。リストの内容が予想以上に詳細であったため二次調査は省き、120件を選んで調査委員による詳細な現地確認調査の三次調査の実施を決める。

官営富岡製糸場、現在の片倉工業富岡工場に赴いた調査委員は清水慶一だった。

〝清水慶一〟の名前を、私は以前から知っていた。藤森照信や堀勇良、河東義之、宍戸實とともに、「東京建築探偵団」の一員として、『建築探偵術入門』という共著もある。だがその人物が、富岡製糸場が世界遺産登録となる25年も前の平成元（1989）年から、深く係わっていたことは知らなかった。

やがて清水慶一の名は、多くの関係者の記憶に深く刻まれることになる。

＊

文化庁が全国規模の調査実施を決め、いち早く群馬県内で近代化遺産の調査が進み、清水慶一が片倉工業富岡工場に何度も足を運ぶ中、生糸市況の乱高下は相変わらず工場の持ち主である片倉工業の経営を揺るがしていた。

平成元（１９８９）年の生糸市況は高騰するが、その反動で平成２（１９９０）年は一転、取引市場の価格が下降する。片倉工業の蚕糸部門の採算は急速に悪化。電子部品なども需要が一巡した感があり、小売部門とショッピングセンターへの賃貸料収入が経営を支えている状況となった。繭の在庫を抱えざるを得ない蚕糸部門は、その在庫にも資金が必要となる部署のため、さらなる縮小、財務体質の改善が進められた。

そうした最中（さなか）、平成２（１９９０）年２月のことだ。今井清二郎の実績が新聞記事になる。「シルクストーリー写真家集団」の今井代表は、閉鎖中の片倉工業富岡工場の管理所長の同意を得て、工場内の女工館２階に主催者らが自ら手を入れ、ギャラリー「片倉ギャラリー」を新設、写真40点の展示を実現させたのだ。

もしかしたらこれは、初めての試みだったのではないだろうか。

操業休止した富岡工場に、元は官営富岡製糸場に、所有者である片倉工業の同意を得た上で、富岡市民が自分たちの手で、改装を実現したのだ。

閉鎖中の工場内での展示である。そのため鑑賞できるのは富岡に来訪した片倉工業の社員と関係者だけだった。だが設営した今井清二郎らの目的は、富岡工場全体がいずれ一般公開されることを前提に、上州に根ざした絹産業の文化を、広く一般の人に知ってもらうことだった。

＊

閉鎖中の片倉工業富岡工場で写真展が実現したのと同じ、平成２（１９９０）年９月14日。東京・京橋の片倉工業本社では、株式会社設立70周年を記念する式典が開催された。片倉家の事業を継承する片倉製糸紡績株式会社が大正９（１９２０）年３月23日に設立してから70周年を期に企画された催しだった。

『ニューカタクラチャレンジ70　目標貫徹の日』

そう題した集まりで社員に配布された「写真帳」の冒頭に、社長の栁澤晴夫は記した。

「当社は蚕糸業を主業として、特に戦前日本経済の発展に多大な貢献を果たしたが、戦後は日本経済の構造変化により蚕糸業の衰退縮小、対応して企画した事業転換における幾多の試行錯誤に伴って会社、従業員への極めて大きな犠牲が生じてしまった。だが現在は、多角化を進めた事業運営によって、過去40余年にわたる不安定経営を脱却した」

高らかに宣言した上で、最後にこう結んだ。

「この写真帳が、今日の従業員の皆さんが片倉で働くことに、生きがいと誇りを感ずる資料ともなれば、なによりの喜びである」

社長就任時には、蚕糸部門として残された四工場を守り抜き、生糸事業の存続を宣言した柳澤晴夫だった。しかし宣言とは裏腹に、その工場をひとつ閉じ、またひとつ閉じ、社の売上トップの座を蚕糸部門から他部門へと移行させることで経営を持ち直すことに成功した柳澤は、片倉で働くことに生きがいと誇りを感じてほしいと、従業員を鼓舞したのだ。富岡製糸場操業休止からおよそ3年7カ月が過ぎていた。

その3カ月後の平成2（1990）年12月11日。

前年に市内のギャラリーに展示され、その後、閉鎖中の片倉工業富岡工場内「片倉ギャラリー」においても展示された『おかいこの一生』と題された写真40点が、額付きのまま、今井清二郎ら「シルクストーリー写真家集団」から片倉工業に寄贈された。

だが、こうした写真を通じた市民と片倉工業との交流も、片倉工業による本格的な富岡製糸場再利用立案のきっかけとはならなかった。片倉工業は富岡工場の今後については依然、黙したままだった。

年が明けた平成3（1991）年3月7日、新聞に記事が載る。それは、4年前の工場閉鎖の際に柳澤社長が記者の質問に答え、富岡市を通過する上信越自動車道の開通予定の1992年を目標に観光・レジャー施設として生まれ変わると発言していたことを、言うなれば〝あげつらう〟記事だった。その発言が市内に期待と憶測を広げたとし、そうした発言があったにもかかわらず片倉工業は、国などに売却し、国の文化財指定を受けてはどうかという群馬県からの申し入れにも、首をタテに振らなかったと記事は報じた。

記事の最後には、富岡市長の発言が記載された。

「観光用に周辺再開発を考えているが、片倉が案を示さなければ動きようがない」

富岡に住む人たちに話を聞き、新聞記事を読み進むうちに、戦後昭和30年代から40年代にかけて富岡市と片倉工業の間が、良好ならざる関係となっていたことを私は知っていた。それだけに、この市長の発言には危機感を募らせた。

富岡工場が操業休止となると、待ってましたとばかりに市の住民が、市役所の関係者が、さらに新聞記者までもが、さまざまな見解を公に語るようになった。所有者でもない人たちが、富岡市民のためにという根拠を、誰もが納得する切り札のように前提として掲げ、わが案こそが正論というように、富岡製糸場の活用案を語るようになった。だがそこには、片倉工業のために、片倉工業で働く人のために、片倉工業と共存共栄にあった養蚕農家のためにという視点は見られなかった。

その中で、今井清二郎代表率いる「シルクストーリー写真家集団」の企画は、異質の、そして注目すべき企画だったと私は思う。古くからこの地に根ざした養蚕という産業文化を、蚕が生んだ繭から生産される製糸と織物という産業も合わせて、写真を通じて永く後世へと受け継いでいく。富岡製糸場についてだけでなく、その製糸業を支えた産業すべてが今、危機を迎えているという広い視野に立った企画であり、その写真を富岡製糸場内に掲示することで後世にも知らせようという考えは斬新なものだった。

だが、そうした視野を広くした企画や、視点を片倉工業側に置いた富岡製糸場の活用案はほかには見られなかった。

新聞や雑誌にたびたび掲載された数々の私見を目にした柳澤晴夫は、そのたびに従業員たちの気持ちを慮り、胸を痛めたのではないだろうか。

そこに市のトップが、片倉工業が再活用の案を見せないから、市も周辺の再開発に動きようがないと述べたのだ。

たしかに富岡工場の敷地は市内の一等地であり、かつ広大であるために、その施設が街の再開発の核になるのは事実だ。であればこそ、方針決定には慎重にならざるを得ないだろうと片倉工業に配慮した発言であれば、柳澤晴夫の気持ちはどれだけ救われただろう。

私がそう思うのは、片倉家の歴史を調べ、その家憲を理解し、その上で片倉工業の近況を見るようになっていたからだ。いつの間にか、操業を休止して3年が過ぎた富岡製糸場の姿が、以前にも増して重々しい姿となって私の前に立ちはだかるようになっていたのだ。

初代片倉兼太郎が獲得の手を挙げてから、50年近い年月を経てようやく片倉製糸紡績が手に入れた国の模範工場なのだ。しかもそれは、永遠に存続することを前提に受け継いだものなのだ。

家憲の第一条に掲げられた、祖先を尊重する気持ちを失ってはならないという言葉も重い。それはすなわち社業を受け継いだ者は、初代が掲げた家憲もまた忘れてはならないということでもあるからだ。

その家憲の第四条、第五条には、こう記されている。

四、　家庭は質素に事業は進取的たるべき
五、　事業は国家的観念を本位とし併せて利己を忘れざる事

片倉工業にとって官営富岡製糸場は、ほかの工場とは比較できないほど別格の存在なのだ。その建築を再利用するにあたっては、誰もが認めるような進取たる内容でなくてはならず、それは国民のためをまず考え、だが一方で会社としての利益も忘れてはならない。

とはいえ柳澤晴夫からすれば、この工場が背負う歴史の重要性を誰よりも理解しているからこそ、家憲を背負っているからこそ、再利用についてまず考えるべきことがあった。それは、国民にとってどうあるべきかの前に、片倉兼太郎が「雇人を優遇し一家族を以て視る事」と書き残したように、家族である従業員のために有用であることだった。

私が、理想的な前例として思い浮かべるのは、二代片倉兼太郎が建設した従業員の福利厚生施設・片倉館だ。他に例を見ないほど豪華な施設は従業員を喜ばせただけでなく、公益のため一般にも開放され多くの国民も利用し、大好評だった。

しかし富岡製糸場が持つ巨大な規模とその歴史的に類のない貴重な建造物を再活用する企画案は、新規に建設する企画以上にハードルが高かった。立ちはだかるいくつもの条件を満たす企画は、安易に口にできるはずがなかったのだ。

沈黙の心根も慮らない口出しには、柳澤晴夫にすれば余計なお世話だったろう。

初代片倉兼太郎から、そして初代場長・尾高惇忠からも、至誠、即ち誠実に真心を尽くして物事

に臨み行動するようにという信条を受け継ぐ十一代目の経営者からすれば、市が果たせていない懸案の責任まで押しつけてくる市長の発言は、信じがたいほど不誠実なものに聞こえたのではないだろうか。

たしかに街中の再開発は、富岡市が抱える重要課題のひとつだった。富岡市と商工会議所は書籍『赤煉瓦物語』が刊行された年の昭和61（1986）年に、商業近代化計画を立案した。しかし道路幅を広げることさえままならず、商店間の利害関係の調整にも手間取り、5年経ったその時もまったく進んでいなかった。商店主の中には富岡に見切りをつけ、高崎や前橋へと市を離れる傾向も見られ、人口の増加も頭打ちになっていた。

こうした再開発計画が進まない状況に対して、住民からも議会においても、市政に対する批判の声が出ていた。それだけに、市のトップによる発言内容は、その批判を受け流すためという別の意図を感じてしまう。

市長の発言の時期もまた、気になるところだ。市長の任期満了となる年の冒頭だったからだ。4年ぶりの市長選を秋に迎えるにあたり、市長はこの発言の直後に三選を目指すことを表明した。

＊

群馬県政においては、群馬県知事・清水一郎が三期目から入退院を繰り返していた。入院による不在日数がすでに１００日を超えていた平成３（１９９１）年６月12日、清水は在職のまま急逝した。６月14日の密葬には約８０００人が参列した。

現知事の死去に伴う県知事選挙は7月8日に告示。新人候補がふたり名乗りを挙げる。そのひとりが前知事の葬儀では葬儀委員長として弔辞を述べ、片倉工業の富岡工場休止時には県を代表してコメントした副知事だった。

小寺弘之。50歳。

昭和15（1940）年10月3日、東京生まれ。東京大学法学部を卒業後、自治省（現・総務省）に入省。群馬県に衛生民生部医務課長として出向してからは、以後、東京には戻らず、群馬県庁にて要職に就く。企画部企画課長、総務部財務課長、秘書課長、総務部長などを経て、副知事に就任。三期務めた上での立候補だった。

小寺候補は公約として、森林や第一次産業を大切にする郷土づくり、老後の安定、よい子育て環境の実現、交通政策、景気回復と経済基盤を支える開発投資の育成や試験研究機関の整備、商店街の活性化、スポーツや文化振興などを掲げた。また知事から国政へ転じる可能性については、考えていない、ときっぱりと否定した。

平成3（1991）年7月28日、投票。

即日開票された結果、対抗候補者の6倍以上もの50万票に迫る得票にて、小寺弘之群馬県知事が誕生した。

圧勝が伝えられる一方で、新聞は次のように報じた。

「選挙戦は最後まで盛り上がらず、投票率は41・59パーセントと県政史上最低を記録した。（中略）県政に対する県民の関心をどう高めていくかも今後の課題となりそうだ」

対立候補には圧勝したが、県民は常に冷めており、圧倒的な支持を得たとはいえないとする記事だった。小寺新知事は初登庁の日に、県職員から積極的に意見を聞く方針を出す。就任の挨拶に訪れた建設省においても、知事が通常顔を出すのは大臣及び次官までというところ、何人かの課長にまで赴いた。対話重視や気配りを新機軸として評価する声がある一方で、厳しい意見もまた新聞紙上に載せられた。

「副知事が知事に昇格しただけで県政においては独自性や変化はない」

新たな県知事が誕生した翌日の平成3（1991）年7月29日。

任期満了に伴い3月に三選を目指すとすでに表明していた現市長に対抗して、ひとりの新人が立候補を表明する。

今井清二郎。会社役員。50歳。

私は新聞を手に、今井清二郎が「元市長」であることを初めて知った日のことを思い出す。元市長と聞いて真っ先に浮かんだのは、いつ頃のことなのだろうという疑問だった。その答えのひとつを見つけたのだ。

新聞には〝対抗馬〟の略歴が書かれていた。

昭和15（1940）年12月28日、富岡市生まれ。誕生日は小寺弘之新知事より3カ月弱遅いが同じ歳だ。群馬県立富岡高等学校卒業後、東京の大手ガス会社に勤務しながら明治大学商学部を卒業。地元の建設会社に転職。富岡青年会議所理事長などを経て、富岡ユネスコ協会理事などを務めた。

私の頭には、新聞にある略歴とはまた別の経歴が記録されていた。

シンポジウムでパネラーのひとりとしてユニークな提言を披露し、一般向けに読みやすく理解しやすい富岡製糸場の歴史と重要性について書かれた本『赤煉瓦物語』を企画・編集。さらにこの地に奈良時代以前から息づいてきた絹産業の現状について養蚕業を中心に撮り残し、写真展を開催した。その人が、群馬県議会議員らに強く推され、市長選への立候補を表明した。

現市長は7年前、シンポジウムのパネラー・今井清二郎の提言を会場で聞いていた。会場の壇上と席上で相対したふたりが7年後、市長の席を争うことになった。

平成3（1991）年9月1日、告示。

立候補を届け出た今井候補は富岡市役所脇の富岡諏訪神社で出陣式。岩井賢太郎（けんたろう）群馬県議会議員らが応援に駆けつける中、富岡市が商業、工業、福祉などあらゆる分野で県内他市に遅れていると、市政の現状を批判した上で訴えた。

「高速交通時代を迎えるにあたり、旧富岡製糸場を中心にした観光都市づくりをしていきたい」

新聞は大きな見出しを投票日前日まで連日掲げた。

『現・新の一騎打ち』

『最後まで混戦模様』

迎えた平成3（1991）年9月8日。投票日。

即日開票の結果が、翌朝の新聞に載る。

広木康二　１万４９３８票　当選
今井清二郎　１万４９０２票　落選

善戦空しく敗れた今井清二郎は、目をうるませながら支持者に深々と頭を下げた。
「若い人たちが頑張り、勝利に等しい戦いができた。及ばなかったのは私の力不足だ」

私はまるで自分が富岡市の有権者のひとりになったかのような気持ちで、平成３（１９９１）年の市長選の経過を追っていた。そして勝敗を決めた票数の結果に驚いた。富岡市史に残るほどの僅差で今井候補は敗れたのだ。その差わずか36票。

ふたりの得票数を合わせると、２万９８４０票。差が36票ということは０・００１パーセントの差で今井清二郎は敗れたことになる。

まさにその「僅差」こそが、市民が真っ二つに割れていることを明確に物語っていた。現状維持を支持する人と、変革を求める人と。それはまた、富岡市と、富岡工場を所有する片倉工業との関係においても、同様に思えた。

今のままでよいとするのか。それとも、大きく変えるべきと考えるのか。

第7章

すべて昔のままに

平成３（１９９１）年は、県知事が替わっただけでなく、県の内部において、富岡製糸場に対する見方もまた変わってきているように私には思えた。

12月、群馬県議会の一般質問で議員より、富岡製糸場を県有化して保存活用してはどうか、という案が提示される。

知事の小寺弘之は答える。

「広く公開、活用されることが望ましいが、所有者の意思を尊重し、市や国とも連絡を取りながら、引き続き保存していきたい。県有化については、関係者間での調整が図られていくなかで、検討していくべき課題だ」

合わせて答弁したのは、近代化遺産総合調査委員会の長も兼ねる、坂西輝雄群馬県教育委員会教育長だ。

「国の重要文化財の最有力候補という感触を受けている。調査をしながら引き続き地元への説明や交渉を続けたい」

国重要文化財指定の最有力――。

再活用の案とは別に、富岡製糸場の建築を高く評価する言葉が新聞に掲載されるようになった背景には、平成2（1990）年から2年間に及ぶ県主導の「近代化遺産総合調査」があった。教育長・坂西輝雄による答弁は、群馬県教育委員会がその調査の中心となっていたからだ。

調査の過程において富岡製糸場の存在と価値が関係者の間で再認識され、そして調査結果をまとめた書籍『群馬県近代化遺産総合調査報告書』（以下、報告書）が平成4（1992）年3月、群馬県教育委員会から刊行されると、明治5（1872）年から存続する類例のない工場建築群の価値は、さらに広く知られるようになっていた。

＊

富岡製糸場を担当した調査委員・清水慶一の調査によって、新たな事実が確認された。敷地内に残る鉄水溜（てつすいりゅう）（現・鉄製水槽）が明治8（1875）年竣工の、操業直後の遺構であることがわかり、初の実測も試みたのだ。この調査により、国産の鉄構造物では最古の部類に属することが判明した。幕末から一貫してフランス系の技術を受け継ぐ横須賀造船所にて、製糸に必要となる良好な水を確保するために造船技術やボイラーの製作技術を応用して造られたものだった。

清水は報告書の中に思いを込めた解説を書いた。

「富岡製糸場は単に建築的な分野から見た価値だけでなく産業史・技術史といった分野においても重要な歴史的な遺構であることは言うまでもない」

「富岡製糸場は『内務省第一回年報』に簡潔に記されているように、当時わが国の主要な輸出品であった生糸生産の近代化を図るために建設された模範工場なのである」

さらに清水は、主任調査委員を務めた東京大学名誉教授・村松貞次郎の著書を引用する。

富岡製糸場が、「わが国に導入された西洋建築の合理主義の流れを代表する建築であり、長崎製鉄所・集成館・横須賀製鉄所・大阪造幣寮工場という一連の流れの、主要な部分を形成する遺構」である。

そして清水は、こうも記した。これら富岡製糸場と並び高く評価される施設は、国の史跡や重要文化財などの国の指定を受け、現在の米軍施設に含まれる横須賀製鉄所を除けば「富岡のみ何らの国の指定を受けぬ遺構である」と。

清水慶一のこの言葉に、未来の大きな流れへとつながる示唆を感じずにはいられない。やがて目標となる世界遺産一覧表への正式記載を達成するためには、国の文化財としての指定を受けることが条件になるからだ。

一方でもうひとつ、興味深い〝縁〟を感じてしまう。日本近代建築史の権威、村松貞次郎についてである。

私は学生時代に村松貞次郎の著書『日本近代建築の歴史』を読み、「おわりに」の書き出しの一文に感銘を受けたことを覚えている。

「建築はもっとも雄弁に時代を語る存在である。しかも具体的な姿・形をもっている。そこにはその建築を建てた時代の科学や技術が結実している」

その村松貞次郎が、この国全体に及ぶ調査の30年も前の昭和34（１９５９）年にすでに、富岡製糸場の実測作業及び実測図の作成を終えていたのだ。その成果は学術論文「富岡製糸場とその機能的伝統」や「富岡製糸所と建築とバスチャン」として発表されていた。

群馬県における調査の主任調査委員が東大名誉教授で、調査期間中に博物館明治村館長にも就くことから、まさに〝主任〟が〝日本近代建築史の権威〟であることは、この調査にかかわった人であれば全員が認識していただろう。だがその村松貞次郎が30年も前から富岡製糸場に注目し、基本的な調査実測を終えていたことは、清水慶一が報告書に書いたことで初めて知った人がほとんどだったのではないだろうか。

調査の主体となった群馬県教育委員会をはじめとした関係者は、あの村松貞次郎先生がそんな昔から着目していたのかと口に出し合い、いつしか富岡製糸場には「村松先生のお墨付き」という印象ができあがったのではないだろうか。

清水慶一は報告書の中で「本工場の構内の本格的で大規模な調査が必要と考える」と書き記し、県の調査が終わったあとも自ら富岡へ通った。県もまた独自に大規模調査の重要性と可能性について模索し始めた。

そしてもうひとつ、群馬県における「近代化遺産総合調査」で明らかになったのは、群馬県が絹産業に支えられてきた県であるということだ。この件についても清水慶一が報告書の「概説」で明記している。

「繭から糸をとるという産業、即ち製糸業は近代における群馬県の中心産業であった」

第一次調査で集まった約1200件の「近代化遺産」のうち、半分ほどが製糸業も含めた絹産業に関するものだった。製糸場に加えて、養蚕農家の建築や、蚕の蛾に産卵させた紙・蚕卵紙を製造する蚕種製造所、蚕の卵の保存に使われた風穴、繭を乾燥させる倉庫、そして織物工場などだ。

群馬県が平成4（1992）年10月に発表した「シルク・スクエア建設構想」も、県が持つこうした特色を活かそうとするものだった。養蚕農家数が激減している現象に、絹の県として歯止めをかけようと立ち上げたのだ。そしてこれは富岡製糸場の有効活用も視野に入れた構想だった。

このような県の動きを知ると、いかにあの企画が、あの写真展が、先駆けであったかとあらためて知らされる思いがした。昭和63（1988）年12月に今井清二郎代表が企画公表し、翌年の平成元（1989）年11月に市民ギャラリーで開催、平成2（1990）年に片倉工業に寄贈された40点の写真『おかいこの一生』のことだ。今井は、群馬県が県を挙げての調査を実施する前から、富岡市の一住民として、この街で生まれ育った者として、養蚕業の危機を感じていたのだ。

群馬県は「絹」に関する事業とは別に、「シルク・スクエア建設構想」発表の2カ月前から、小寺弘之知事直轄のプロジェクトを続々と公表する。

新潟、福島の知事とともに3県境に広がる日光国立公園・尾瀬を舞台に「尾瀬サミット」を開催。保護財団の設立や環境保全に関する学術研究を奨励する「賞」の創設も決定。さらに12月には、群馬県出身の宇宙飛行士・向井千秋が2年後に宇宙へ飛び立つことをふまえ、子どもたちの夢をはぐくむ施設として天文台建設構想を発表した。

まさに次から次へという感があった。またもや小寺知事が、という印象だった。そしてそれらのプロジェクトは小寺県政のひとつの特徴ともいえる、「文化振興」という点で共通していた。

＊

年が明け、平成5（1993）年。

清水慶一は、群馬県に続いて実施された各県の近代化遺産調査には参加せず、アメリカ南東部のテネシー大学チャタヌーガ校に短期赴任、客員教授に就く。

チャタヌーガは、1950年代は製造業従業員比率で全米一の街だった。それがスモッグで20メートル先が見えないほどの公害の深刻化によって、60年代は全米一環境が悪い街へと凋落。ところが清水が着任した翌年の平成6（1994）年には全米で一番住みやすい17都市のひとつに選ばれるまでに復活、再生を遂げ、注目を浴びていた。再生の推進を担ったのは、学生と市民だった。

まず1980年代に、地域貢献プロジェクトに対して潤沢な予算を持つ地元の財団の専務が、テネシー大学建築学科より都市計画家を教授に招く。都市は市民によりデザインされ得るものであるという信念を持つ都市計画だった。

さらに1983年にはテネシー大チャタヌーガ校出身の人物が市長に就任する。この市長と教授、ふたりが軸となり、再生の物語が動き出す。市長が以後14年間、強力なリーダーシップを発揮する中、教授は財団から資金を得、学生を指導するとともにさまざまなアイデアを提案させる。そして学生、市民を仲間に、大規模な公園の再生を皮切りに、学生提案の多くのプロジェクトを始動させた。結果、幾多の非営利活動団体が生まれたのだ。

清水が渡米した平成5（1993）年は、チャタヌーガが持続可能な開発を念頭に模範的市民社会として再生を果たし、産業史、地域再生史に名を残す街として全米から注目の的になった、そのタイミングの年だった。中でも大正10（1921）年に建てられたチボリ劇場は、祖先から受け継がれた遺産建築を、解体せずに、現代都市の中で力を発揮するように再生した例として高い評価を受けていた。


清水慶一は後年、こんな発言をする。

「いま、欧米では文化財が地域整備のポイントです。これまでみたいにインフラを整備するだけとか、そういう時代ではない。それを先頭切って、ここ（富岡製糸場）でやってもらいたいですね」

渡米から14年後の平成19（2007）年8月、片倉工業が刊行した『写真集　富岡製糸場』のために開かれた座談会での発言だ。

私には清水が、全米注目の街再生の物語を、富岡製糸場再生の未来の物語に重ねながら語っているように思えた。

*

清水慶一が渡米していた年、平成5（1993）年2月。片倉工業の人事内定情報が新聞に掲載された。

3月30日。柳澤晴夫社長（69）の代表権を持つ会長就任。

生糸について人一倍愛着を抱く柳澤晴夫が、生糸復活を掲げて社長に就任したのはちょうど10年前のことだ。

だが着物文化が衰退し、市況の低迷や海外からの安価なシルクや合成繊維が出回る中、生糸にとらわれることが社そのものを危険にさらすと判断。物販や新製品の開発に加えて、生糸製造の拠点である工場をひとつ、またひとつと閉鎖し、その場をショッピングセンターやホームセンターへと貸し出すことで社の窮状を救ってきたのだ。

その柳澤が代表取締役会長に就いた翌年の平成6（1994）年12月。片倉工業は、唯一残されていた生糸の生産拠点、熊谷工場を閉鎖した。

明治6（1873）年、現在の長野県岡谷市で片倉家の庭を利用して、10人繰りの座繰製糸を始めてから120余年。片倉工業はついに製糸業から撤退した。

＊

平成6（1994）年、重要な「戦略」が採択された。

富岡製糸場の将来に大きくかかわることになる「戦略」が議題に挙がったのは、富岡でも、群馬県庁がある前橋でも、東京の霞が関でもなかった。

フランス、パリ。

6月にパリのユネスコ本部で開催された専門家の議論を受け、タイのプーケットにおいて開かれた第18回世界遺産委員会は「世界遺産一覧表における不均衡の是正及び代表性・信頼性の確保のためのグローバル・ストラテジー（世界戦略）」を採択した。

世界遺産が制度として成立したのは昭和47（1972）年。それから20年を経過し、三つの「不均衡」が指摘され始めていた。

1　地域的な不均衡。

ヨーロッパ諸国の世界遺産登録数が全体の46パーセントと圧倒的に多く、アジア諸国やアフリカ諸国の遺産登録数が少ないことが指摘された。

2　時代的な不均衡。

古代や中世の時代のものへの偏りが指摘された。

3　種別的な不均衡。

教会などの宗教施設、城郭、記念碑的な建造物への偏りが指摘された。

そこで世界遺産委員会は、世界の文化の多様性を世界遺産一覧表に反映させるために、今後、記載を推進すべき分野として、次のような三つの分野を掲げた。

産業遺産
20世紀の建築
文化的景観

日本では文化庁がこの「グローバル・ストラテジー」を公表。関係者の間で知られることになる。

産業遺産——。私は世界遺産委員会による発表を読みながら、富岡製糸場の世界遺産登録へと通じる道しるべを見つけた気がした。

この平成６（１９９４）年においては産業遺産についての明確な定義はされていなかった。国際的な説明がされるのは、これから9年後の平成15（２００３）年だ。国際産業遺産保存委員会が採択した憲章で、このように説明された。

「産業遺産は、歴史的、技術的、社会的、建築学的、あるいは科学的価値のある産業文化の遺物から成り、それらは建物、機械、工房、工場及び製造所、炭坑及び処理精製場、倉庫や貯蔵庫、エネルギーを製造し、伝達し、消費する場所、輸送とそのすべてのインフラ、そして住宅、宗教礼拝、教育など産業に関わる社会活動のために使用される場所から成る」

この説明はまさしく日本における「近代化遺産」と同義語だった。群馬県が他県に先駆け実施した調査であり、その調査において近代化遺産としての価値が見直された富岡製糸場は、「産業遺産」としても高い評価を受ける可能性が高い。

もしかしたら富岡製糸場も世界遺産に？　という問いかけが浮かぶ。だがこうした期待を私が持てるのも、いずれのちに世界遺産に登録されるという未来を知っているからだ。

新聞には、「産業遺産」という言葉を日本の「近代化遺産」と並べて語る記事も、富岡製糸場にからめて論ずるような発言も見られなかった。

*

平成7（1995）年6月。3期12年務めた現職の富岡市長が引退を表明した。

2カ月後の8月初め。4年前の前回選挙で1万4902票を得ながら、現職市長にわずか36票差で敗れた人が、市政刷新を訴え、再び立候補を表明する。

建設会社役員、今井清二郎。

一方でもうひとり、市役所勤務42年の実績を訴える、市役所元職員もまた立候補を表明。富岡市長選は「市政刷新」を主張する今井候補と、「市政の継続」を訴え、現職市長も推す市役所元職員、新顔ふたりの一騎打ちとなった。

同年9月3日、富岡市長選告示。

今井候補と元・市役所職員の対立候補は、立候補の届け出を提出。選挙戦が開始された。

新聞は連日書き立てた。

『新顔2氏一騎打ち』
『「継続」「刷新」の訴え　市二分する激戦に』
『二者択一　混戦』
『五分の争い続く』

そして迎えた9月10日、投票。即日開票の結果が判明する。

今井清二郎　1万5683票　当選
田村泰彦　1万4509票　落選

『今井清二郎・新市長誕生　4年前の36票差の雪辱を果たす』

開票翌朝の新聞には、大きな花束を両手に高だかと挙げる今井清二郎・新市長の写真が、そのコメントとともに掲載された。

「今井の勝利ではなく市民の勝利だ。必ず新しい活き活きとした街が誕生します。市民一人ひとりが市長になったつもりで街づくりに取り組みましょう」

富岡市役所の企画部長・津金澤正洋のもとに、市長選に当選したばかりの今井清二郎から連絡が入ったのは、選挙結果に富岡市が湧いた、2日後のことだった。

紹介者を通じて、ぜひお会いしたいというのだ。

当選者は当選した翌日にすぐに市長に就くわけではない。約10日後の初登庁就任式までは現市長が執務に当たっている。今回の選挙では、その現市長が推した市役所の元職員が選挙に敗れたことから、役所内には、どことなく張り詰めた空気が漂っていた。その中での次の市長からの面談申し入れだった。

なぜ、面識もないのに……？

津金澤は一瞬たじろいだ。だがそれでも申し入れを受け入れたのは、ぜひ一度直接会ってみたい人物だったからだ。今井清二郎が企画編集した書籍『赤煉瓦物語』を興味深く読んでいた。同じ人が企画した写真展も見て、あの書籍の企画編集者が？　と驚いたのを覚えている。その人が今度は市長に当選したのだ。いったいどんな人物なのか関心があった。

津金澤は市役所の3階にある議会議員のための会議室を用意した。窓からは浅間山を望むその部屋に現れた今井は、意外な頼みごとを切り出した。初登庁就任式の翌日に、なんとしても片倉工業の会長と社長に挨拶にうかがいたい。そこで会長と面識があると聞いた津金澤に、ぜひ取り次ぎをお願いしたいというのだ。

富岡製糸場と、その所有者である片倉工業の大切さを、富岡市のトップが深く理解し、敬意を伝えるのが表敬訪問の趣旨だという。その思いの深さに偽りがないことを片倉工業に理解してもらうには、就任初登庁の翌日、この日をおいてほかにはない。ぜひその日に取り次ぎをお願いしたい。

津金澤は、思いもしない依頼に戸惑いつつ、今井が「片倉工業さん」と、何度となく繰り返したのが印象に残った。富岡製糸場の所有者に対して「さん付け」で呼ぶ人には初めて会った。

初登庁の翌日は新市長にとって大変多忙な日になる。富岡市主催の交通安全大会のパレードなどがあり、市長は先頭を歩かなければならず、いくつもの公務が控えていた。ところが新市長はその日に、すべての公務を延期してまでも、ぜひ片倉工業にうかがいたいというのだ。

今井は、富岡製糸場を核とした今後の街づくりについて、ときに手振りを交えながら雄弁に語った。そのひと言ひと言からは、壮大なロマンが感じられた。

この新しい市長をなんとしても支えなければ――。

津金澤は心ひそかに決意し、先方に連絡を入れてみます、といって別れた。


自分の席に戻ると、すぐさま片倉工業に電話を入れた。

新市長誕生のニュースは片倉工業にも届いていた。その市長が就任式翌日の多忙な日、公務を延期してまで片倉工業のトップとの会談を申し入れたことには、窓口となった管財課長も驚いた。しかも市長のほうから東京に出向くというのは、これまでの富岡市では考えられないことだった。

突然の申し入れだったが、まずは片倉工業に礼を尽くしたいという新市長の気持ちは伝わった。何度かの電話のやり取りで、会談の約束と時間が確定してホッとしていたところに、柳澤晴夫から電話が入った。

市長からの面談の申し入れの趣旨について直（じか）に確認したかったので、ということだった。

津金澤は、新市長から直接、初登庁の翌日にはぜひ柳澤会長と社長にお会いしたいとの申し入れがあったと伝えた。

柳澤は柔らかい口調で言った。

「そうなると、単なる挨拶だけではなさそうですね」

平成7（1995）年9月21日。市長就任式が開かれた。今井清二郎は、主に三つの目標を語った。

1　10月から毎月、市民との討論会を開催する。
2　斎場問題の解決を目指し2年以内を目処に着工する。
3　片倉工業富岡工場の有効利用に努める。

その翌日。津金澤は、今井と秘書係長を、京橋の片倉工業本社へと案内した。

片倉工業では三人を、会長の柳澤晴夫、取引銀行から出向して社長に就任していた清田雅義、管財課長が迎えた。柳澤晴夫、72歳。今井清二郎、54歳。

挨拶を交わしたあと今井は、市長就任後は何を置いてもまず、富岡製糸場が操業休止してからも細部にまで心を配る維持を継続してくださっている片倉工業さんにお礼を申し上げたかったと伝えた。柳澤は、就任式の翌日の多忙な日にこうして東京までわざわざ足を運んでくださった新市長に対して、心から感謝の言葉を述べた。

互いに言葉を交わしながら、その場の雰囲気は、和やかとは言いがたかった。

変化が訪れたのは、栁澤のこんな発言からだった。

「以前、今井市長が企画されて、富岡工場に飾られていた『おかいこの一生』の写真、私も拝見しました」

それまで黙って新市長の話に耳を傾けていた栁澤が、表情を柔らげ口にしたのだ。

「いい写真でしたね、とても感激しました」

栁澤のこの言葉で場の空気が変わった。

蚕糸農家さんたちの存在は自分にとっても身近だったという栁澤に、今井は、養蚕業の衰退に危機感を覚えたからこそ、あの写真展を企画したと語った。

打ち解けた会話がひと段落したところで、今井は栁澤と清田に、ふたつの提案を申し入れた。ひとつは、富岡工場の固定資産税の減免。そしてもうひとつは、片倉工業と富岡市による定期交流会の開催だった。

今井は市長に当選後、初登庁就任式までの10日間ほどを利用し、市の特別職や部長級の職員と積極的に面談した。行政の現況を把握するためだ。

津金澤には、片倉工業への表敬訪問の際には、挨拶だけでなくその場で具体的な提案をしたいと伝えていた。そのひとつが、固定資産税の減免だった。今井はまず、昨年の徴収金額の確認と、合わせて、富岡製糸場はこれまで市民への無料貸し出しの例もあることから公園的な扱いで減免できないかを確認してほしいと指示した。

津金澤は確認した上で考えを述べた。

「昨年の固定資産税は2350万円ほどいただいております。市の発展に寄与するということでしたら、上信電鉄の駅舎などの前例がありますので、減免の可能性はあると思います」

今井からの提案を聞いた柳澤は、税金の減免については頑なに辞退した。初対面での提案にしては大きすぎ、これまでの市との関係から、その提案の裏には何か別の意図があるのではと慎重になったのかもしれない。津金澤にはそう感じられた。

もうひとつの提案、定期交流会については「定期情報交換会」という名称で年に3回ほどの予定で始められることになった。

一連のやり取りを目の当たりにしながら津金澤は思った。

平成7年、1995年9月22日。この日は、富岡市から富岡製糸場の所有者である片倉工業への誠意が伝わり、新たに信頼関係を築き始める記念すべき日になった、と。

富岡製糸場が操業を休止してから、8年7カ月が過ぎようとしていた。

*

平成7(1995)年。

群馬県知事・小寺弘之の名が、県内に留まらず、全国に、そして海外にまで知られるようになる。県人口が200万人を突破したのを機に、県が全額出資して映画「眠る男」(監督は群馬県出身の小栗康平、主演は役所広司)を制作。これがモントリオール世界映画祭審査員特別賞、ベルリン国際映画祭国際アートシアター連盟賞、ブルーリボン賞特別賞、日本アカデミー賞協会特別賞などを受賞した。そして小寺自身も映画プロデューサーに贈られる藤本賞特別賞を受賞するなど絶賛され、文化活動に力を入れた知事として一躍有名になったのである。

今井清二郎もまた、市長に就任したこの年の年末から積極的に動き始める。公約通り、市民との対話集会を実施するとともに、片倉工業との情報交換会も回を重ねる。富岡市街地の再開発には富岡製糸場の再開発が必須という思いから、開発プランの案を市のほうでも検討させてほしいと提案。「赤煉瓦プラン21委員会」を設置した。

富岡市役所と東京京橋の片倉工業本社ビルにおいて交互に開かれた情報交換会は年に3回ほどの予定としていたのだが、平成8（1996）年6月末までの9カ月ほどの間に、開催は計8回に達した。その交流の成果もあり、平成8（1996）年7月1日から9月30日までの3カ月間、富岡工場敷地内の公開が実現する。

平日限定。公開は外観のみ。条件付きとはいえ、富岡工場の敷地内が操業休止後これだけ長い期間にわたって連日一般公開されるのは画期的なことだった。片倉工業の厚意により、敷地内に50台分の駐車スペースも用意された。見学希望の2日前までに要予約としたところ、公開開始日までに600名を超える申込みが入り、周囲の関心の高さがうかがわれた。

これを機会に、甘楽町・富岡市内小中学校の退職校長会の会員18名が、来場者に対して富岡製糸場についての解説を始めた。観光客30～40人を相手に敷地内を移動しながら、建物の歴史的な価値について話し、明治期に製糸場に関係した人物の写真を見せながら40分ほどで説明する。この活動はやがて「富岡製糸場解説員の会」へと発展していくことになる。

市民による盛り上がりを受け、今井は片倉工業に対して、通年での一般公開を要望する。だが片倉工業は受け入れなかった。期間限定であればともかく、防火、防災へ細心の注意を払う上で管理が行き届かないという理由からだった。

公的な申し入れや公的な対話を継続しつつ、今井は独自に柳澤との懇親を図る。製糸場の再活用をともに考え、市からも再活用案を提案するためには、互いの信頼関係を積み上げることが重要であると考えていた。

富岡製糸場の外観見学会が人気を博していた平成8（1996年）8月、東京の片倉工業本社で定期情報交換会が開かれた。その雑談の中で、今井が最近読んで感銘を受けた本の話になった。すると柳澤から、その本を書いた人とは以前から親交があるので紹介しましょうかと提案された。著者は、「掃除に学ぶ会」会長であり、ローヤル（のちのイエローハット）創業社長・鍵山秀三郎（かぎやまひでさぶろう）だった。片倉工業とローヤルはショッピングセンターの大家とテナントという関係だけでなく、株も持ち合う間柄であり、鍵山には片倉共栄会の会長もお願いする公的なつながりを超えた友人だというのだ。

ぜひ紹介いただきたいと今井がお願いしたところ、富岡へと帰る途中、まだ都内を走る車の自動車電話が鳴った。出ると先ほど別れたばかりの柳澤からだった。鍵山と連絡がとれ、講演先である岐阜県恵那市で会えることになった。ついては柳澤自身が案内するので一緒にどうだろうかというお誘いだった。今井は即座に厚く礼を述べ、後日、東京駅で柳澤と待ち合わせ、1泊2日の予定で恵那市へと向かった。

柳澤からの紹介を終え、三人で昼食をとろうと一軒の蕎麦屋を訪れた。ところが店に入る際に、扉を前に三人が三人とも立ち止まってしまった。

「まずは今井市長から」

鍵山がいえば、

「いえいえ、柳澤会長がまず」

今井が答えると、即座に柳澤が返す。

「とんでもない、今井市長、鍵山社長、どうぞお先に」

三人とも譲り合ってなかなか店内へと入れなかった。

店内で席に着こうとして、今度は一番奥の椅子に誰が座るかで三人はまた譲り合う。

「今井市長から」

「いえいえ、柳澤会長から」

「とんでもない、鍵山社長こそ奥に」

ここでも座るまでに時間を要した。

さらに注文した蕎麦が届くと、三人はまたまた譲り合って、最初のお盆を誰も受け取ろうとしなかった。

こうしたやり取りを通じて今井は柳澤の中に、柳澤は今井の中に、自分と同様のものを重んじる人という印象を強めていく。

一方、津金澤正洋もまた、柳澤との交流を重ねていた。

柳澤のもとにうかがい始めたのは、市の非礼を詫びる謝罪が始まりだった。だが柳澤は過ちに対してしつこく責めるようなことは一切しなかった。二度と同じような間違いが起きないように、そのためには謝罪に訪れ、頭を下げるばかりの者に、片倉工業の歴史や立場、姿勢といったものを伝えるのが大事と思っているようだった。

ある日、柳澤は、こんなことまで津金澤に語った。

株主である香港の実業家から片倉工業が訴訟を起こされた時の話だ。片倉工業が、自社株を買い占めていた企業から市場価格に上乗せして購入、子会社に自社株を売却したところ、売却損を出したことが発端だった。昭和46（1971）年3月のことだ。

10年後の昭和56（1981）年、この行為が会社に対して大きな損害を与えたとして、片倉工業の株式24パーセントをすでに取得していた香港の実業家が、売却損を出した当時の片倉工業の役員を被告とする株主代表訴訟を起こした。総額7億3000万円を払えとする損害賠償請求訴訟はまず東京地裁、さらに東京高等裁判所にて争われ、一審、二審はともに、元役員のふたりに対して1億5000万円を支払えという判決を下した。このまま敗訴した場合は、元役員ふたりはその賠償金を個人で負担しなければならない。ふたりは最高裁に上告するが、被告のひとり、元社長が係争中に急性心不全で亡くなってしまう。裁判の精神的な負担は元常務ひとりの肩にのし掛かることになった。その当時の常務が、柳澤晴夫だった。

私財では到底支払えない額の賠償金だった。

「私の資産といえば練馬の大泉に、猫の額ほどの小さな土地に小さな建物が建っているだけで、家内とふたりで住むには十分だったのですが、その土地も抵当に入れて資金繰りに奔走しました」

柳澤はそう語った。

「家内以外はすべて差し入れる覚悟をしましたよ」

柳澤の言葉に津金澤は、これまでに感じたことのない親近感を覚えた。

香港の実業家が、片倉工業役員である柳澤晴夫の誠意ある対応と役員報酬の実情を知り、訴訟を取り下げたという一報が片倉工業に入ったのは、柳澤が恵那市から戻り、東京駅で今井と別れ、その足で本社に戻った日のことだった。


平成9（1997）年3月28日。

片倉工業の新たな人事が公表された。柳澤晴夫は代表取締役会長から取締役相談役となった。そうした中、富岡製糸場の存在はますます広く知られるようになっていた。

平成10（1998）年1月8日。

新聞は、群馬県が平成2年に行った近代化遺産調査で富岡製糸場は象徴的な存在と位置づけられたとした上で、柳澤のコメントを載せる。

「固定資産税を含めた維持費は年間7、8000万円かかる。その重要さを認識するからこそ、文化財としてわずかなお金をいただくよりも、企業としての責任において保存し、後世に伝えたい」

合わせて掲載された片倉工業の会社としてのコメントは、

「博物館のような施設としての活用方法を今後、模索していければと考えている」

実際、片倉工業社内においては、ふたつの案で富岡工場の再利用が練られていた。ひとつは、百数十億円をかけて大規模改修工事を実施し、観光施設として甦らせる案。もうひとつは、2、3億円程度の改修費用に抑えて、再スタートを切る案である。

前者は、その投資額に見合った収益を得られる算段が見えなかった。後者については、その程度の改修では中途半端という意見が主流だった。どちらの案も具体的な策とはならなかった。

工場についての再利用については道筋が見出せないまま月日が流れる中、平成10（1998）年3月、今井が片倉工業本社を訪ねる。富岡工場を見学できる機会を増やしてほしいと、要望を携えての訪問だった。富岡市と片倉工業。両者の間で「定期情報交換会」が重ねられ、信頼関係が深まる中での再度の要望だった。

＊

興味深い世界的な発表がちょうどこの頃にあった。

平成10（1998）年、世界遺産の一分類となる「産業遺産」について、そのイメージを絞り込むのに役立つリスト「世界遺産における産業遺産」を、イギリス人の考古学者が発表したのだ。世界遺産委員会がパリで、今後、記載を推進すべき世界遺産の分野の一つとして掲げたあの「産業遺産」である。

リストを公表したのは、考古学者であり世界遺産コーディネーターも務めたヘンリー・クリアという人物。

そのリストを見ると、わかる。産業遺産は、平成6（1994）年に世界遺産委員会が今後記載を推薦すべき分野として挙げる前から、すでに何件も登録されていたのだ。

昭和48（1973）年に世界遺産の登録が始まってから5年後に登録された、ポーランドの「ヴエリチカ岩塩坑」（1978）が産業遺産として初の世界遺産登録となる。続いてフランスの「アルケ・スナンの王立製塩所」（1982）、さらにイギリスの「アイアンブリッジ峡谷」（1986）、スウェーデンの「エンゲルスバーリの製鉄所」（1993）などの10件だ。

21年間で、10件。それが世界遺産委員会がパリでその登録を推奨すると、考古学者がこのリストを発表するまでの5年間に、11件の産業遺産が新たに登録されていた。21年間に10件から5年で11件へ。産業遺産の世界遺産登録は、明らかに加速していた。

世界遺産を巡るこうした新たな潮流は、文化庁をはじめ日本の世界遺産関係者はもちろん把握していた。

だがおそらく、柳澤晴夫ほか片倉工業の関係者にも、今井清二郎をはじめとした富岡市の職員にも、この情報は残念ながら届いていなかったのだろう……。

＊

平成11（1999）年3月30日。柳澤晴夫は取締役相談役から相談役となった。

同じ3月。半年後の9月に予定されている富岡市長選に、今井は現職市長として早々と再選を目指すことを表明する。

7月。小寺弘之が群馬県知事選挙に三選を果たした。

その翌月。4年前の市長選で敗れた元市役所職員が再度、出馬を表明。富岡市長選がスタートする。前回選挙と同じ候補者ふたりによる一騎打ちとなった。

選挙戦のニュースが流れる中、片倉工業富岡工場が話題になる。

平成8（1996）年から恒例となっていた夏休みの富岡工場の公開が、土曜日曜も見学可能になったのだ。この3年間で見学者は1万1000人を超えたが、片倉工業が休みとなる土・日は見学ができなかった。それを、月曜を休み、土・日は公開というように公開日を広げたのだ。また一段階、富岡製糸場の門が開かれることになった。今井と栁澤が中心となる富岡市と片倉工業の「定期情報交換会」の成果だった。

一方で、選挙戦は熱を帯びていた。争点として新聞記事などが光を当てたのが、富岡市街地の再開発事業計画「富岡中央土地区画整理事業」だった。計画を推進する今井に対して、対抗する候補者は、事業計画の見直しをと訴えた。

投票日の2日前の9月3日になって、朝日新聞があらためてこの件を記事にした。

明治時代から栄えた富岡市の中心部が、後継者不足や商店主の高齢化などの理由から日中にシャッターを閉めている店舗が増加。この流れを食い止めようと、市街地の再開発事業計画づくりが昭和63（1988）年に始まる。観光地としての集客増を見込み、中央商店街の小規模店舗の活性化を図ることを目的とした上で、具体的には以下の三つの計画が挙げられている。

1　幅5メートルの道路は最大20メートルまで拡幅し、車が通りやすい道にする。
2　公共施設や公園などを設置する。
3　旧官営富岡製糸場（片倉工業富岡工場）の協力を得て、地区周辺の観光地化を図る。

記事はこうした事実をあらためて市民に知らせつつ、記事の論調は、再開発事業を推進しようとする今井現市長の実行力を柔らかく非難する内容だった。

地元の店舗関係者への市の意向調査によれば、38・6％の人が反対を表明するほど賛同を得られていないとしながら、

「施工期間として平成10（1998）年から平成23（2011）年の予定だったが、いまだに着手すらできていない」

私はこの記事を読みながら、つい口に出していた。

「着手すら、なんて……」

昭和63（1988）年に立案された計画は平成10（1998）年の着工を予定していたのに、いまだ着手すらできていないという書き方は、いかにもそのすべての責任が現市長にあるかのような誤解を生む論理の展開だった。計画が策定された昭和63（1988）年といえば、今井は市長ではなく、一市民として写真展示「おかいこの一生」を企画立案した年のことだ。

「観光増の見通しも、集客はどれくらい増えるのか、収益はどうなるのかなど、市は将来予測を十

分に説明できないでいる。計画を知らない市民が多いことも否定できない。市長選を機に議論と市民の関心が深まることが期待される」

記事はそう結んでいた。

投票日が迫る中での記事なのだ。書いた記者の公平さを欠く物言いと、それを隠しながら新聞購読者に訴えかける巧妙さを私は感じずにはいられなかった。

平成11（1999）年9月5日、投票。即日開票の結果が判明する。

今井清二郎　1万4969票　当選
田村泰彦　1万2521票　落選

『富岡市長に今井清二郎氏再選』

翌日の朝刊には両陣営の結果判明直後の様子とともに、花束を手に万歳しながら再選を喜ぶ今井の写真が掲載された。投票率は前回81・42パーセントに対して71・51パーセントと9・9ポイント下回った。

＊

そして選挙の翌々月、11月23日のことだ。富岡製糸場の未来を示唆するメッセージが新聞に載る。

上毛新聞社による「近代化遺産保存活用キャンペーン」は平成6（1994）年に開始以来5年にわたり、平成11（1999）年まで継続された。キャンペーンを締め括るコラムが11月23日の上毛新聞の朝刊に3段組みで大きく掲載された。

『やわらかな地域の風景』

執筆者は清水慶一。文化庁支援による群馬県の「近代化遺産総合調査」において、官営富岡製糸場を担当した調査委員である。

平成4（1992）年3月に『群馬県近代化遺産総合調査報告書』が刊行される前から、マスメディアはその調査内容や経過についてよく報じていた。中でも地元紙の上毛新聞は記事として取り上げるだけでなく、イベントやキャンペーンなどさまざまなかたちでその浸透に力を注いだ。

清水はコラムの冒頭で記す。近代の産業、交通、土木を支えた近代化遺産の調査を目的に群馬県を訪れた約15年前とは、近代化遺産を取り巻く環境は隔世の感がある、と。

15年前はその価値をまったく認めてもらえなかった。ところが今は、近代化遺産の保存の活用があちこちで始まり、国内や海外の事例を挙げながら、群馬県がその先進地帯といえるほどになったというのだ。そしてコラムの最後は、こんなメッセージで締め括られた。

「旧富岡製糸場など、ただ日本の遺産というだけではない。非西欧文化圏での近代工業発展の出発点として、世界遺産となっても一向におかしくないと私は思っている」

平成11（1999）年11月23日。

この日は富岡製糸場に、「世界遺産」という言葉が初めて公に添えられた日になった。執筆者・清水慶一の肩書きは、国立科学博物館理工学第四研究室長となっていた。世界遺産一覧表に正式に記載された平成26（2014）年からさかのぼること15年も前のコラムである。清水慶一の最後のひと言に、どれほどの人が注目しただろう……。

世界では「産業遺産」という言葉が生まれ、その分野の世界遺産登録の数が加速していた。しかし日本ではその実績はなく、世界遺産において確実に花開きつつあるその分野の動静について伝えるのは専門誌のみだった。

そうした背景を知らない人たちの反応は自ずと想像ができた。工場を世界遺産になど、学者の夢物語にすぎない。そう一蹴されてしまったのではないだろうか。

一企業が所有する工場建築が、エジプトのピラミッドやニューヨーク港内の自由の女神と肩を並べるような、各国の名だたる学者が認めた世界の遺産となり、さまざまな国から観光客が訪れるようになるとはとても思えなかっただろう。

富岡製糸場の価値について、かなり理解を深めたつもりの私でさえ、当時、同様の知識を持っていたとしても、記事を目にした瞬間に、これだ、これこそ富岡製糸場が目指すべき未来だと、刮目する自信はなかった。

ふと、その問いが期待とともに頭に浮かんだ。柳澤晴夫はこの記事を読んだだろうか……。

平成11（1999）年。この年、産業遺産がまた一件、世界遺産に登録された。「インドの山岳鉄道群」

世界遺産委員会は平成6（1994）年にパリで、世界遺産一覧表にある不均衡是正のために、「産業遺産」に分類される登録を推進することを採択した。そしてそれ以降、世界遺産となった産業遺産は、ドイツの「フェルクリンゲン製鉄所」（1994）、フィンランドの「ヴェルラ砕木・板紙工場」（1996）、オランダの「キンデンダイク・エルスハウトの風車群」（1997）など16件となった。

産業遺産の世界遺産登録は、確実に数を増やしていた。

＊

多くの人がその将来について私案を語っていた富岡製糸場は、片倉工業富岡管理事務所として、いまだに休止状態が続いていた。

私は「休止状態」の具体的な様子について知りたいと思っており、取材当初から語ってくれる人を探していた。ようやくこの人ならと探し当て、連絡を入れてみると、残念ながら数年前に亡くなっていたということが繰り返された。高齢のために取材には耐えられないという丁寧な手紙が家族から届いたこともあった。

だがそれでも、富岡市で知り合った人たちから情報を集めていく中で、片倉工業富岡管理事務所の元所長から話を聞くことができた。

田部井弘(たべいひろし)。昭和17（1942）年生まれ。昭和62（1987）年3月から操業を停止していた片倉工業富岡管理事務所に平成10（1998）年5月に赴任、平成17（2005）年9月30日まで7年と5カ月にわたり所長を務めた人だ。

「あくまでも私は、社命でやっただけですから」

元所長は何度も同じ台詞を繰り返しながら、当時の様子をとつとつと語った。

「あくまでも私は、社命でやっただけですから、現地の責任者として、事故がないように責任感を感じつつ対応してきました。雨漏りのしている箇所がないか、塗装や材料が剝がれているような場所はないか。

一番気を配ったのが、火災と雨漏りです。具体的なことは、ガラスで割れているところはないか、周囲に桜の木があるものですから、その落ち葉を放置しておくと、それが枯れ葉になって、煙草の火などで引火してしまいますので、その点には目を配りました。

管理について何時から何時までどこを巡回するというような、時間ごとのスケジュールが決まっていたわけではありません。月曜から金曜まで、朝8時から夕方5時まで。入ってすぐの、検査人館を利用した事務所に専属の女性事務員がいて、私ともうひとりの男性職員で敷地内の見回りと、草刈りをしたり、除草剤を撒いたりというような作業です。

建物の修繕工事は、漆喰塗装は専門の塗装屋さんに、屋根の防水舗装はまた専門の会社に、瓦の修繕は明治期の瓦も直せる屋根瓦専門の会社にと分離して発注していました。部分部分で補修をお願いするので、これはほぼ毎年、何がしかの工事をお願いしていました。

瓦がずれたら、その部分だけすぐに補修してもらうという姿勢でしたので、屋根の補修工事などは本当にしょっちゅうやっていました。

瓦は、明治以降、改築されたり部分解体された際に、そこに使われていた瓦が西繭倉庫に明治時代のまま保管されていましたので、今の瓦とはまったく規格が異なり、合いませんから、明治の瓦があったお陰で、差し替えの補修工事ができました。

所長にとの辞令が出た時から、柳澤相談役からは、社会的に貴重なものだから、所有している企業の責任においてきちっと守るのだと、強くいわれていましたので、絶対に事故があってはならないと心掛けました。雑草を生やしてはいけない、建物の足もとに植えました花もきっちりと手入れをするようにというのもよくいわれていました。

きっちりとな、きっちりとな、というお言葉を、よく口にされていました。

とにかく来客が多かったという記憶も残っています。地元の小学校の子どもたちによる社会科見学をはじめ、学校関係の見学会も定期的にありましたし、市の事業で外観見学や青年会議所が主体となった赤レンガ写生大会などですね。

遠くから突然、ぜひ見学したいと訪ねて来られる方もいらっしゃいました。そういう方に対しても、基本はお断りしないで東前倉庫の通路の往復だけにしてくださいと、場所を限定した上でご案内していました。けれどもそうした突然の見学申し入れの方の中には、大変貴重な建築とわかった上で申し込まれる方がいる一方で、富岡の近くに来たついでにというような安易な気持ちで、信じられないことに、くわえタバコで見学を始める方もいて、そういう方には遠慮なく怒鳴りつけていました。

修繕工事をお願いしたのは、どの工事も、会社組織として請け負うのではなく、個人で請け負うような職人さんたちでした。屋根瓦の修繕をお願いしていた職人さんも、兄弟で請け負っていたんですが、まずお兄さんのほうが亡くなってしまって、引き継いだ弟さんも、近々引退するといわれていました。私が工場に赴任して、そうした職人の方々を引き継いだ時点ですでに皆さんご高齢でしたから、現時点ではどの人もすでにお亡くなりかと思います。

修理に関しても柳澤相談役からは、昔のまま残し、守るということを心掛けなくてはいけないよ、といわれていました。製糸工場に関してのシステム、仕組みはそのまま残すんだと、そういう方針は赴任した時点にいわれていました。

一度だけ大きな修繕工事を地元の建設会社に依頼したことがあります。明治ではなく大正時代に増築された建築でしたけど、屋根の工事に関しても、瓦の修繕も明治の素材をそのまま残してもらい、（屋根の一部を持ち上げて光をとる）越屋根の形状はそのまま残してもらいました。土台についても、コンクリートで補強したいという建設会社からの提案に、大谷石はそのままと要望を跳ね返しました。柱も、将来のことを考えるとこの機会にすべて取り換えてはという提案にも、傷んだものだけで可能な限りそのまま残すようにと指示しました。

とにかく方針は、昔のままに、でしたので」

私は元所長の言葉に耳を傾けながら、少しずつ、操業休止中の富岡製糸場内の様子が映像となって目の前に見えてくるような気がした。

やはり昔の姿のままに維持するという方針は、これほど本格的に、そして心の籠もったものだったのだ。

当時の話にじっと耳を澄ましながら、私は途中で一度だけ、その話を遮るように声をあげてしまった。

「たった三人だけだったんですか」

敷地は広大であり、大規模建築も含め何棟もの建築が建つ富岡管理事務所を、たった三人で管理に当たっていたというのだ。夜間は警備が2名入り、センサーによる警備になるということだった。とはいえ昼間は建ち並ぶ建物群のそれぞれの傷みに目を配るのは、どれほど大変だっただろう。

観光で訪ねる人はいなかったとはいえ、維持のために、そして事故がないように管理をするというのは、当時も今も同じだ。それをたった三人でと考えると、その重責を想像せずにはいられなかった。三人のうちひとりは受付事務を任された女性なので、日々の維持管理業務を担うのは実質ふたりだった。

話を聞きながらもうひとつ印象に残ったことがある。

元所長は、何度となく同じ人物の名前を口にされた。それは直属の上司の名でも、役員の名でも、社長の名でも、会長の名でもなかった。

柳澤相談役。

富岡工場の維持と管理は、社長から会長になり、相談役となっていても、柳澤晴夫の直轄だったのだ。

平成13（2001）年3月29日。

柳澤晴夫相談役、退任。77歳。

柳澤晴夫が片倉工業をあとにしたのは、社長に就いてから18年、富岡工場が操業を休止してから14年後のことだった。

第8章

誇りを貫く

平成15（2003）年6月、現職市長の今井清二郎は9月7日投開票の市長選に三選を目指す意向を表明する。それに先がけた平成15（2003）年7月6日、小寺弘之は対立候補の3倍強の得票数を得て群馬県知事四選を果たした。

その翌月のことだ。8月25日午後6時。群馬テレビ「ニュースジャストN」において、月曜恒例の知事定例会見が放映された。

20人ほどの記者が椅子に座る。小寺弘之は淡いブルーのシャツにストライプのネクタイを結んだ姿で壇上に立った。

小寺はまず、群馬県代表として甲子園に出場した桐生第一高校の2回戦突破について触れ、いくつかの発表をした後に言葉を継いだ。

「あと、もうひとつ……」

一語一語区切り、確認しながら話し始めた。

「旧、官営富岡製糸場、ですね、富岡にある、製糸場は、明治5年に、日本の近代産業として、つくられた、ものですけれども、これを世界遺産に、登録をしてはどうかと、いうような、研究が、関係者の間で、進められようと、しております。まぁ、県でも取り組んで、いきたいと、このように、思っております」

研究を進めようとしているのは関係者。県でも取り組んでいきたい。県としては「研究」には少し距離を置く発言だった。

だが翌日、「上毛新聞」2003年8月26日付朝刊紙面には、大きな見出しが掲載された。

『旧官営富岡製糸場　世界遺産登録を』
『「近代産業の原点」　県、研究プロジェクト発足へ』

見出しは、研究プロジェクトは「関係者」ではなく「県」が主導すると強調され、記事の中では具体的な内容が記載された。

世界遺産登録に向けた研究プロジェクトを9月上旬につくる。研究プロジェクトチームは群馬県本部、富岡市や国立科学博物館産業技術史資料情報センターなど関係者15人前後でつくる。登録への学術的根拠を明らかにするため、同製糸場と日本、アジアの近代化の関係、幕末や明治期の群馬県産業の状況などを調べ、裏づけとなる資料を収集する。研究期間を2004年2月末までとし、週1回程度の会合を重ねる。

紙面上において小寺は、建物の持ち主である片倉工業に対して配慮を見せたコメントをした。「産業の歴史を考える上でもいいことだと思う。県の財産ではないので、持ち主や関係者と相談していきたい」

一方、同紙には片倉工業からのコメントも掲載された。

「富岡工場には、もともとが製糸場の会社でも思い入れがある。歴史的な価値があるものでもあり、操業していないといっても保存・管理をしっかりするのが、企業としての社会的責任」

片倉工業はこのように、保存については積極的な姿勢を示しつつ、世界遺産登録への県の対応については慎重にコメントした。

「文化財や世界遺産として認定を受けることについては検討しておらず、どんな規制や制限が生じるのか認識は現在のところ白紙。認定された場合の影響などは勉強が必要かもしれないが、具体的な考えは今のところない」

かたや群馬県知事の公表に対して、まさにその通りだというように自信に満ちた発言をした人物がふたりいた。ひとりは富岡市長の今井清二郎。同紙にて歓迎のコメントを表明する。

「地元としても全面的にこの運動に参加していきたい」

そしてもうひとり。4年前に上毛新聞紙上にて、「(旧富岡製糸場は)世界遺産となっても一向におかしくないと私は思っている」と明言していた人物、清水慶一である。清水のコメントが同紙に載る。

「近代産業の根本は製糸業。富岡製糸場はフランスの工場の一角を切り取ったようなもので、当時の多くのひとが近代工場を知るモデルだった。産業立国といいながら、産業系の世界遺産は日本にはひとつもない。世界遺産の水準と比べても劣ることはない」

さらに清水は知事記者会見の3日後の8月28日、現地を視察した上で、ほかの新聞各社からの取材に対し続けざまに語った。

「木柱で枠を作る軸組み工法とレンガ造りの壁を組み合わせた技術は素晴らしい。130年前に建てられた工場が創業時のままの形で残っており、他にもこのような例はない。世界遺産となる価値は十分ある」（「読売新聞」2003年8月29日付朝刊）

「建物本体がきちっとした形で残っており、世界遺産にふさわしいことは間違いない」（「日本経済新聞」2003年8月30日付朝刊）

「養蚕から製糸まで一連のシステムが残っている唯一の県が群馬。こうした文化的な背景も含めて世界遺産としての価値をこれから整理していきたい」（同）

記事を読みながら私は、これまで新聞紙上を賑わせた数々の「私案」とは明らかにちがうと感じていた。持ち主である片倉工業との間で、事前に意思疎通があっての公言に聞こえたからだ。それは片倉工業からのコメントに表れていた。

「現在のところ白紙」とした上で、「具体的な考えは今のところない」と語ったのだ。

「現在のところ」そして「今のところ」をことさら強調した発言からは、群馬県知事の意向は事前に聞いているが、現時点ではなんともコメントできないという県への、そして知事の方針への配慮が感じられた。

とはいえ肝心の会見映像からは、残念ながらプロジェクト・リーダーとしての熱意はそれほど伝わってこなかった。

小寺は知事に初当選して以後、いくつもの、そして広範囲にわたるプロジェクトを次々と公表してきた人物だ。国際的な映画制作から高崎競馬の廃止やアマゾン群馬の森プロジェクト、尾瀬サミットから尾瀬保護財団の設立、そして尾瀬国立公園制定へとつなぐプロジェクト等々、常に30件ほどの知事直轄プレジェクトを並行して進めていた。小寺の中では、「富岡製糸場の世界遺産登録プロジェクト」はこの時点では、県の一大プロジェクトではまったくなく、数多い直轄プロジェクトの中の、まさに「あと、もうひとつ」という存在だったのだ。

知事が熱く語れるような一大目標となりづらいのには、ほかにもふたつ理由があった。ひとつは、世界遺産の一般的なイメージと、明治の工場建築との間には、かなり乖離があること。もうひとつは、登録へと進むために前提となる諸条件を富岡製糸場が満たしていないこと。

世界遺産とは、顕著な普遍的価値を有するものという規定があり、世界遺産条約に基づいて作成される「世界遺産一覧表」に記載される物件を指す。「登録」とは、21カ国の委員国で構成される世界遺産委員会で議決されるこの「記載」のことだ。

世界遺産には、建造物や遺跡などの文化遺産と、自然地域などの自然遺産、そして文化と自然の両方の要素を兼ね備えた複合遺産の3種類がある。

小寺が記者発表した平成15（2003）年時点における日本の世界文化遺産は9件。

法隆寺地域の仏教建造物　　記載年　平成5（1993）年

姫路城　同　平成5（1993）年
古都京都の文化財　同　平成6（1994）年
白川郷・五箇山の合掌造りの集落　同　平成7（1995）年
原爆ドーム　同　平成8（1996）年
厳島神社　同　平成8（1996）年
古都奈良の文化財　同　平成10（1998）年
日光の社寺　同　平成11（1999）年
琉球王国のグスク及び関連遺産群　同　平成12（2000）年

このリストの次の一件に、明治の工場建築を加えるのだと意気込むのは少々辛いものがある。もちろん「産業遺産」という分野の登録が加速しているという、世界遺産の近況は小寺の耳には入っていたはずだ。だからこそプロジェクトの立ち上げに至ったのだろう。しかしそうした背景の説明は会見ではなされなかった。

世界遺産登録という目標に現実味が帯びなかったもうひとつの理由は、登録の前提条件そのものを富岡製糸場は満たしていなかったことだ。世界遺産登録には、対象となる資産が「国法の保護」を受け、世界文化遺産の場合は「文化財保護法」による「国史跡」指定が条件である。だがこの時点において富岡製糸場は民間企業、片倉工業が所有する操業休止中の工場であり、国や県からの文化財指定は受けていなかった。対象となる前提条件をいずれも満たしていなかったのだ。

富岡製糸場があらためて世間の注目を浴びるきっかけとなった、群馬県における近代化遺産の調査結果をまとめた報告書で、清水慶一は9年前の平成4（1992）年に指摘していた。

富岡のみ、何らの国の指定を受けぬ遺構である、と。

＊

富岡市内が富岡製糸場の世界遺産の話題で湧く中、市長選が8月31日に告示され、7日間の選挙戦がスタートした。三選を目指す現職の今井清二郎と、経営コンサルタント会社経営の新顔候補の一騎打ちとなった。

争点のひとつが、市の中央地区土地区画整理事業。新顔候補は計画の中断を主張し、今井候補は事業推進を改めて強調した。新顔候補はいくつかの主張の中で経済の活性化を訴え、新聞記者に対して、「今必要なのは文化より、飯が食えることだと思っています」と語った。

一方、今井候補は、やはりいくつかの主張を挙げつつ、富岡製糸場についても触れた。

「県が（旧官営）富岡製糸場をユネスコの世界遺産に登録しようという計画がスタートしました。世界遺産のためには、今の街でよいはずがありません。ふさわしい街づくりをしていかなければなりません。街づくりの目標が明確になったということはうれしい。全力を挙げ、生き生きした活力ある街づくりをしていきたい」

平成15（2003）年9月7日。富岡市長選挙、投票、そして即日開票。

今井清二郎　1万2639票　当選
下山真　　　1万1843票　落選

翌日の新聞。

「現職・今井清二郎氏（62）（無）が、新人の経営コンサルタント・下山真（53）（無）を破り3選」

一方、群馬県が9月に予定していた世界遺産登録に向けた研究チームの立ち上げは当初予定の3カ月後にずれこみ、平成15（2003）年12月に発足された。

平成16（2004）年4月、群馬県は政策課に世界遺産推進室を設置。室長には群馬県の近代化遺産調査も担当した松浦利隆が就き、計4名の組織だった。

世界遺産推進室の目標は世界遺産登録運動をより多くの県民に知ってもらうこと、その活動についての協力の依頼だった。広報用の資料を作成し、講座などを開くうちに、登録に協力できるような活動をしたいという声が、講座を受講した人たちからあがる。

同年8月、ボランティア団体「富岡製糸場世界遺産伝道師会」が発足した。伝道師は駅前に立ってチラシを配布、各種集会に出席して富岡製糸場や世界遺産の話題を広げる活動に尽力した。

群馬県、富岡市、そして片倉工業の三者による会議も重ねられた。世界遺産登録の前提となる、対象となる物件の公有地化など、解決すべき課題は数多かった。

県を挙げての事業とは、この時点でもまだいえなかったのだと私は思った。解決すべき課題は、見えているだけでもそれこそ山積みという状況だっただろう。それにもかかわらず世界遺産推進室は計4名という、こぢんまりとした組織から始まったのだ。

＊

平成16（2004）年10月6日。群馬県知事の小寺弘之、富岡市長の今井清二郎も出席する中、県内外の有識者による「富岡製糸場　世界遺産登録推進委員会」の初会議が東京都内で開かれた。有識者には世界遺産専攻の筑波大学大学院教授ら15人が名を連ね、登録推進活動について、そして登録後の活用案についても検討を開始した。

11月25日、小寺と今井が会談。世界遺産登録を目指すための必要条件である、富岡製糸場を公有地化するために、国の文化財指定を受けたあと、富岡製糸場の敷地を富岡市が購入することについて両者は合意した。世界遺産登録を目指すためには、文化財保護法に基づく保護を受けていることが前提であることから、翌年の平成17（2005）年度初めには、文化財指定として国の史跡指定を目指す。文化財指定後の買い取りになれば、国が8割、県が1割を補助するため、市の支出は購入価格の1割のみの負担で済むことになる。

そして翌月の12月21日、群馬県知事・小寺弘之、富岡市長・今井清二郎、片倉工業代表取締役社長・岩本謙三（いわもとけんぞう）の三者による合意書が締結された。内容は、富岡製糸場について文化財指定を目指し年明けに申請を行い、指定後は公有地化することについてなど。今井は富岡市が富岡製糸場の敷地について購入する意向であると正式に伝えた。合わせて、文化財指定後は保存と公開が義務づけられるため、公開に伴う管理についても確認された。小寺と今井は、どこに管理委託するか、その団体を検討する選考委員会を11月末に発足したと岩本に伝えた。

平成17（2005）年2月、富岡市はこれまで進めてきた中央区画整理事業の中止を正式に決定する。

2年前の平成15（2003）年、小寺による世界遺産登録を目指すという公表を受け、今井は都市計画の見直しについて検討するように市の職員に指示を出していた。市長選において、「世界遺産のためには、今の街でよいはずがありません。ふさわしい街づくりをしていかなければなりません」と語ったことを即座に実行に移したのだ。

今井が見直しを指示したのは、市長に初当選した翌々年の平成9（1997）年8月に約12ヘクタールという敷地に関する「富岡都市計画事業・富岡中央土地区画整理事業」についてだった。

計画の一部については、小寺からすでに事業認可も受け、地権者の93・5パーセントもの「承諾書」を獲得していた。国の補助を受け、開発に必要となる道路やミニ公園、そのほか公共施設建設のための用地も取得済みだった。にもかかわらず、見直しという英断を今井が下したのは、この区画整理事業を進めることは、世界遺産登録を前提とした都市計画にはふさわしくないと判断したからだ。

区画整理事業では、古い建築や現在の需要に対応していない建築を壊し建て替えることになる。道路も広げ、交通の便もよくし、新たな商業施設などを誘致することになる。

ところが世界遺産登録を前提とした場合、登録の対象となる建築だけでなく、周囲に緩衝地帯

（バッファーゾーン）を設定し、その区域内の建物についても修復し保全する対応が求められる。建築物を単体で登録できる日本の国宝や重要文化財とは異なり、世界遺産は周りの環境も含め、人類にとって普遍的な価値を持つ遺産であると、世界中の人々が理解できることが要件だった。

緩衝地帯というのは、世界遺産の立地する地域の景観や自然環境を守るために、世界遺産の周囲に設定する規制区域のこと。世界遺産登録された建造物だけでなく、世界遺産を生んだ、その地域の自然や環境、そして生活様式も合わせて保全、育成する必要性があるという考えからだ。歴史的な縦のつながりだけでなく、地域という横のつながりをも重視されることから、街づくりにおいても、まずは富岡製糸場という存在の価値をさまざまな視点から見極め、意義づけし、その上での街づくりが望まれる。

今井は決断の翌日から、まず街の有力者を廻って計画見直しを伝えた。

反発は大きかった。すでに補償金の額まで提示されていた商店主からは不満の声が噴出した。富岡の中心商店街は長い低迷期を過ごし、疲弊していたところに、数千万円に上る補償金を提示され、ホッとひと息ついていた人もいたからだ。だが今井が決断を翻（ひるがえ）すことはなかった。

富岡市はこれ以後、群馬県との事業廃止協議を開始するとともに平成17（2005）年4月から7月にかけ、中止決定を周知するため、街づくりを見直す討論会などを開催した。

こうした流れの中、国の文化審議会は平成17（2005）年5月20日、富岡製糸場を国史跡に指定するように文部科学大臣に答申した。

さらにもうひとつ、重要文化財指定に向けての動きも始まる。5月30日、富岡市が委託した「財団法人文化財建造物保存技術協会」を中心に24名の調査員が、建築ごとに測量及び調査を開始した。図面作製のための実測と状況確認が目的だ。国史跡への指定の申請には資料上の調査が中心であったために、製糸場内部の本格的調査は今回が初めてだった。各建築の建立時期及び建立時からの改変状況を調査し、写真と図面などに記録する。調査報告書は翌春の刊行を目指す。

平成17（2005）年7月14日、富岡製糸場は「旧富岡製糸場」として国史跡に指定された。わが国にとって歴史上、学術上価値が高く、重要な遺跡として指定を受けたのだ。文化財保護法による指定は、世界遺産に向けての必要条件のひとつを満たす、大きな一歩となった。

7月23日。国史跡の指定を受け、富岡市と片倉工業は確認書を交わした。9月末に富岡製糸場の建築は富岡市に無償譲渡、土地は約17億円で翌年1月頃に土地売買契約を結ぶ予定になった。土地は2005年度と06年度の2カ年で取得。予定していた通り、価格全体で国の補助が8割、群馬県の補助が1割、富岡市が1割を負担する方針で調整が進められた。

おそらく、富岡製糸場の世界遺産を目指す関係者にとって何より気になる存在は、島根県の石見（いわみ）銀山だったのではないだろうか。

世界遺産登録に向けての第一段階、国の暫定リスト入りを、石見銀山はすでに4年前、平成13（2001）年4月に済ませていた。まだ暫定リスト入りを実現できていない富岡製糸場ではあるが、石見銀山の世界遺産登録が叶えば、日本国内では初の産業遺産による登録となり、富岡製糸場の登録にも弾みがつく。石見銀山がいつ、何の障害もなく、世界遺産登録へとたどり着けるかどうかは、富岡製糸場の未来を考える上で重要な要素になっていた。

そこにニュースが届く。平成17（2005）年9月。富岡製糸場が国史蹟指定を受けた2カ月後のことだ。関係省庁連絡会議で、政府は石見銀山の世界遺産登録への推薦を決定した。この流れだと、イコモスによる現地調査は翌年、平成18（2006）年の秋。そしてイコモスからの勧告はさらに翌年、平成19（2007）年になる。

富岡製糸場の関係者の多くが、その動向に注目した。

＊

平成17（2005）年9月、富岡市が富岡製糸場の敷地を購入することを条件に、片倉工業は富岡市に製糸場敷地内の建築を寄付、所有権が市に移行した。10月1日より、富岡市による富岡製糸場の暫定的な管理が始まった。市の管理は翌年3月までで、その後は「群馬県立日本絹の里」を運営する群馬県蚕糸振興協会に委託する方針だ。

所有権移転を受けて迎えた10月9日。富岡市主催の会が富岡製糸場構内で開かれた。片倉工業から富岡市への富岡製糸場の引き渡し式である。

その席上、知事の小寺は述べた。

「小学生の教科書で紹介されるほどで、八幡製鉄所とともに、富岡製糸場は今日の日本を築く原点となった」

今井は市長就任以来10年間、片倉工業と定期的な交流会を継続してきたことを報告した上で、片倉工業さんだからこそ、と繰り返した。

片倉工業さんだからこそ、赤煉瓦の建物を完全な姿で保存管理していただけました。片倉工業さんだからこそ、私たち市民の願いに耳を傾けてくれました。片倉工業さんだからこそ、重要文化財にもなるこの貴重な赤煉瓦建物を寄付していただけました。

そして、心を込めて続けた。

「ありがとうございました、片倉工業さま、ありがとうございました、岩本社長さま」

さらに今井はこう述べた。

「県民の宝、世界の宝という気持ちで大切にお預かりします」

私は、思い出していた。

初めて富岡製糸場を訪ね、流れるままに建設会社の監査役、今井清二郎に会った日のことだ。その時に今井が口にしていた言葉。

「昭和62年3月に、当時の持ち主である片倉工業さんが製糸場の操業を停止してから平成17年の9月30日に富岡市に寄贈されるまでの17年間に光を当てられたらどうですか?」

富岡市の多くの住民にとって、明治の官営富岡製糸場が富岡市に寄贈されたその日は、後世に伝え残すべき大切な日なのだ。そしてその9日後に開かれた記念式典の集合写真を見ながら、私はしみじみ思った。まさに今井清二郎にしか実現できなかった会だな、と。

東繭置所を背景に関係者及び富岡市民が約700名並ぶ記念写真である。最前列には14名が並び、中央に片倉工業代表取締役社長の岩本謙三、その両隣に今井清二郎と小寺弘之が座る。７００名を残さず全員、そして重要な富岡製糸場も入れて、１枚に美しく収める。そのために今井が考えたアイディアはクレーン車の長い腕の先からカメラを構えるというものだった。まさに写真家でもある市長らしい演出だ。目の前のクレーン車の腕の先で構えるカメラに対しては、７００名が自然な笑顔になっている。

そしてその引き渡し式の名称がまた、富岡市を代表する人の気持ちを表していた。最前列の前に掲げられた大きな横長の置き看板には、

『片倉工業（株）引き渡し式』

と書かれている。そして下には、その文字よりも数倍大きな文字でこう記されていた。

『感謝のつどい』

さらにその置き看板の両端には赤く『66』の文字が書かれた。片倉製糸紡績が昭和14（１９３９）年に富岡製糸場を吸収合併してから富岡市へ譲渡するまでの年数だ。それは、片倉工業が明治5年築の建築に手をかけ続け、維持し続けた年数だった。

この年数を記念式典の写真の中にあらためて記すことが、人々の記憶に残すことが、いかに重要であるか。富岡製糸場と片倉工業、双方の歴史に詳しい今井だからこその発案だったのだろう。記念の写真からも、市長のスピーチからも、富岡市から片倉工業への誠意が伝わる会だった。

今井にしか実現できなかったと私がしみじみ思ったのは、会の演出についてだけではない。この「感謝のつどい」は、富岡工場が操業を休止してから8年と7カ月が過ぎようとしていたあの日から、準備が始まったと知っているからだ。

新市長に就いた就任式の翌日、平成7（1995）年9月22日に、市長としての公務を延期してまで柳澤晴夫に挨拶に出向いた、あの日から始まったのだ。

第十一代社長であった柳澤が退任した平成13（2001）年3月29日までの5年半もの間、さらにその後、片倉工業の社長が代々替わりながらも、岩本謙三が平成13（2001）年に第十三代社長に就いてからこの日、平成17（2005）年10月9日に至るまで、10年間にわたり、富岡市が片倉工業との間の信頼を深めてきたからこそ実現した日、実現できた感謝の会なのだ。誠意ある対応の蓄積があったからこそ片倉工業は、譲渡先として、国ではなく、県でもなく、富岡市を選んだのだろう。

だが、世界遺産登録を目標とした富岡製糸場公有化のための富岡市による購入が、そして、世界遺産登録を目指すからこそ従来の中央区画整理事業を中止へと舵を切ったことが、わずか半年後に大きな争点になる。

＊

平成18（2006）年2月。『旧富岡製糸場建造物群調査報告書』が刊行された。編集は、財団法人文化財建造物保存技術協会。発行は富岡市教育委員会。A4版で厚さ約4センチメートル。

「富岡製糸場調査検討委員会」には、副委員長として「今井幹夫」、委員として「清水慶一」の名前もある。

序文は富岡市長・今井清二郎が執筆した。

今井は冒頭、製糸場の存在の大きさを、自身の思いの深さを、こう表現した。

「富岡製糸場は従前から富岡市民の誇りであり、シンボルでもありました」

私の手もとに、その調査報告書がある。

大手製薬会社の会報誌の取材で、明治5年の操業開始時に建設済みの建物を特定するのに根拠となったのがこの報告書の「第五章　建造物詳説」だった。

だが私は、なぜこれだけ綿密な報告書をまとめたのか、その目的については、富岡製糸場の昭和から平成に至る歴史をこうして取材を重ね、たどるまで知らなかった。この一冊は、国の重要文化財指定を得るために実施された製糸場内部の初めての本格的な調査であり、その報告書だった。

昭和61（1986）年刊行の『赤煉瓦物語』の時には、一市民の今井清二郎が序文を書き、20年後に刊行されたこの本では、富岡市長として今井が序文を執筆している。

今井は片倉工業への敬意を込めて「片倉工業株式会社さん」と書きながら感謝の意を述べた。

「昭和62年に操業を停止してからも、所有者の片倉工業株式会社さんは見事な管理を続けられてきました。そのご努力は並々ならぬものがあり、心底感謝いたしております」

そして、建築の見事さ、保存状態の素晴らしさについて端的に解説をした上で、こう記す。

「ある高名な学者がこの建物を見て、『私は世界中の建物を見ていますが、１００年以上原形を保っている建物は、必ずその倍以上は持ちますよ』と述べておられました。修復を繰り返していけば永久に保存できるという意味だと思います。これが文化財の意味だと私は嬉しく思いました。また、『こういう文化財に触れると非行に走る子ども達は出ない』とも言われました。これも嬉しい指摘です」

そして富岡市を代表して、覚悟の言葉で締め括った。

「明治維新という近代日本の黎明期に造営された貴重な文化遺産を後世に受け継いでいくために、私たちは責任をもって保存・管理に当たってまいる覚悟です」

片倉製糸紡績株式会社がこの建築を受け継いだ時の言葉を思い起こさせるメッセージだった。明治5年から建ち続けてきた貴重な文化遺産の未来は、富岡市に託されたのだ。

＊

富岡市は隣接する妙義町と新しい市の建設計画を進めてきていた。その結果、『旧富岡製糸場建造物群調査報告書』が刊行された翌月の平成18（２００６）年3月、富岡市が妙義町と合併し、新たな富岡市が誕生することになった。これを受け、新・富岡市の市長選挙が4月に開かれる。従来の流れであれば次の市長選は平成19（２００７）年秋のところが、1年半ほど前倒しになった。

現職の今井は平成17（２００５）年12月、翌年4月の新・富岡市の市長選に立候補する意思を表明した。また、2年前の選挙で今井に敗れた候補者も立候補の意思を表明。ほかに2名が立候補の準備を進めていると新聞は報じた。

富岡市長選に名乗りを上げた候補者のひとりに、私は見覚えがあった。平成3（1991）年、今井が初めて市長選に立候補し僅差で敗れた選挙以降、今井を推していた群馬県議会議員・岩井賢太郎だ。昭和16（1941）年生まれ、今井清二郎や小寺弘之のひとつ下になる。かつては推薦人であった岩井は対抗馬として名乗りを挙げるにあたり、富岡製糸場についてふたつの批判を掲げた。

ひとつは中央区画整理事業が突如中止になったことへの批判。もうひとつは、「買収した富岡製糸場の所有権が市にあることは、費用負担の面から許しがたい」として、市の負担を軽くするため、群馬県の所有に移譲する考えを示した。

もうひとりの候補、ロペス美千代もまた「住民本位の区画整理事業を」と訴えた。

対して今井は現職市長として、富岡製糸場の世界遺産登録と妙義山を核にした観光開発を推進したいと主張した。

群馬県主導で世界遺産を目指す富岡製糸場について、候補者それぞれがまったく異なった考えを繰り広げ対抗し合う市長選になった。富岡製糸場の取得にしても、中央区画整理事業の中止にしても、現職の今井は世界遺産を県とともに目指すために進めたことであって、それが市長選の争点になるとは思いもしなかっただろう。

年が明け、平成18（2006）年4月16日、富岡市長選告示。今井清二郎現職市長をはじめ四人による選挙戦が始まる。

今井は大勢の支持者や市議が集まる出陣式で、危機感を訴えた。

「100票以内の接戦になるかもしれない」

15年前の富岡史に残る「僅差」を想起させる発言だった。

＊

平成18（2006）年4月21日。国の文化審議会は富岡製糸場を国重要文化財に指定することを文科相に答申した。群馬県知事の小寺弘之がコメントした。

「今回の答申は世界遺産登録への大きな弾みとなるもの」

そして3カ月後の7月。富岡製糸場内において、明治8（1875）年以前に建設された建造物が国の重要文化財に指定された。前年の史跡指定に続く二重指定は群馬県内では初めてとなった。

世界遺産登録を目指す道において次に開ける扉は、文化庁による国内における暫定リストへの登載だった。文化庁はその暫定リストから年1件を目処にユネスコに推薦していた。リストにはすでに4件が登載され、島根県の石見銀山と岩手県の平泉（ひらいずみ）の周辺遺産は、世界遺産登録が有力視されていた。富岡製糸場にとって目指す一歩、登載がかなったとしても、ユネスコへの推薦はこの2件もしくは4件のあとという流れだった。

平成18（2006）年9月。文化庁が、暫定一覧表追加記載の候補を、全国の県、市町村から「提案書」というかたちで、候補物件を公募すると発表した。

富岡製糸場の話題が高まり、続々とニュースが流れる中、富岡市としての姿勢や判断を語る場に立つのは、今井清二郎ではなかった。今井現職市長を533票差で制した、岩井賢太郎・新市長の姿だった。

岩井は当選を受け、公約を実行すべく県に対して富岡製糸場の所有権の移転を要請した。県幹部が難色を示す中、知事の小寺弘之がこの件について正式に回答した。

「製糸場の旧所有者から市に建物が無償提供されたことや、用地取得に国や県から多額の補助が出ている点について、岩井市長も群馬県議会議員当時、参画し承知している。これまでの積み上げをすべてひっくり返してしまうのかという違和感がある。維持、管理も県と市が一緒にやっていきましょうと強調しながらやってきた」

これまでが群馬県、富岡市、片倉工業の三者による円満交渉であったことを強調した上で、断言した。

「結論として難しい」

県の考えを受け、岩井は平成18（2006）年10月1日より富岡製糸場への入場を有料化する方針を打ち出す。これまでは世界遺産登録への理解を深めるために無料で公開してきたが、今後、明治初期の木造建築には維持修繕に多額の費用が予測されるため、見学者にも費用を負担してもらいたいという考えからだった。

先見の明がある起案だった。だが駐車場やトイレなどの周辺整備が行き届かないなどの理由から、9月の議会で否決された。

＊

ここで私は、世界遺産として登録されるまでの流れを確認した。

新聞記事を読みながら「暫定一覧表」であるとか、「推薦書」であるとか、言葉のイメージからなんとなくその意味を摑んでいたのだが、それを誰がつくるのかなど詳細については理解していなかった。「イコモス」となるとまったくわからない。恥ずかしながら「ユネスコ」の意味すら正確には把握できていなかった。

同じものを指す「暫定リスト」と「暫定一覧表」が新聞紙面では併用され、「世界遺産登録」と「世界遺産一覧表に正式記載」もまた、同じ意味であるのにメディアによって統一されていないことも、混乱の原因だった。中には記者も混乱しているのか、「暫定リスト」を「推薦リスト」と書く記事もあった。

ユネスコ（UNESCO）は、「United Nations Educational Scientific and Cultural」の略だ。日本語では「国際連合教育科学文化機関」と訳され、フランスのパリに本部を置く国際連合の専門機関を指す。

そして、四つの段階を経て世界遺産へとたどり着く道のりは、こうだ。

まずは各国政府が複数の候補を載せた暫定リストを作成し、ユネスコの世界遺産委員会の事務局、世界遺産センターに提出する。これが第一段階だ。暫定リストは、世界遺産条約により顕著な普遍的な価値を有するという必要条件を満たした案件を、各国政府が独自の判断によって作成、ユネスコは審査などなしに自動的に受け取る。

各国政府は世界遺産センターに相談し、暫定リストの中から優先順位の高い案件を選ぶ。その案件に関する詳細で膨大な登録推薦書を世界遺産センター経由で世界遺産委員会に提出する。これが第二段階。

そして、世界遺産委員会の諮問機関イコモス（ＩＣＯＭＯＳ：国際記念物遺跡会議）などユネスコの協力機関が、候補となった案件の現地審査を行い、世界遺産委員会に候補案件に関する審査の参考となる意見書、評価勧告を提出する。いわゆる「イコモスの勧告」、これが第三段階。

評価勧告の内容は四つに分かれる。

登録（記載）
提案した国に再度情報を求める情報照会
提案した国に新たな登録推薦書を求める登録延期
不登録（不記載）

このイコモスによる評価勧告を受け、提案した国からの登録推薦書とともに世界遺産委員会が審議し、世界遺産登録可否の結果が出される。これが第四段階だ。

イコモスが登録延期もしくは不登録の勧告評価を出した案件についても、世界遺産委員会は審議する。けれどもその勧告を逆転するような結果がまず出ないのは、そのような評価勧告を受けると、提案した国が将来のことを考え、世界遺産委員会による審議の前に、いったん自ら推薦を取り下げるからだ。イコモスの勧告を重く真摯に受け止めることが、同じ案件についての再挑戦においても、次に控える別の案件についても、より良い結果を生むという考えからだ。

平成18（2006）年9月に文化庁が発表したのは、第一段階の候補となる物件を広く公募するというものだ。暫定リストに追加で載せることを検討してあげるから、われこそはと思う県や市町村など自治体はどんどん応募しなさいというものだった。

文化庁の暫定リスト入り候補公募を受け、群馬県の世界遺産推進室は11月末の締め切りを目指し「提案書」の原案づくりを進めた。絹産業遺産群としてどの資産をもって構成するか、富岡製糸場と同様に文化財入りを目指す資産の選定も大きな課題だった。

富岡製糸場など県内絹産業に係わる文化遺産10件による世界遺産登録の構想をまとめた提案書が完成する。平成18（2006）年11月29日。その提案書を手に、群馬県知事の小寺弘之が文化庁長官・近藤信司（こんどうしんじ）のもとを訪ね、提出した。「富岡製糸場と絹産業遺産群　日本産業革命の原点」と題したその書類は、独特の地域景観を生み出した養蚕農家群や、繭や生糸の輸送に関連した鉄道施設などの歴史的な重要性を訴えるものだった。他の地方自治体からも計23件の提案書が文化庁に提出された。

年が明けて、平成19（2007）年1月。文化庁から群馬県に連絡が入る。

「富岡製糸場と絹産業遺産群」を「富士山」など3件とともに、世界遺産候補に選定したという知らせだった。暫定リストへの追加掲載が決まったことを告げる朗報だ。世界遺産へとつながる道において、第一段階の扉が開いたのだ。

1月23日16時半、群馬県から富岡市に暫定リストへの追加掲載が伝えられる。18時。富岡市は市役所前で垂れ幕を掲げたあと、富岡製糸場までの約700メートルを、提灯を手にした市役所職員や市民ら約3000人が練り歩いた。500発の花火の祝砲に大きな歓声が上がった。パレードに先立ち、富岡市長の岩井賢太郎は語った。

「世界遺産を目指すのは今日がスタートという気持ち」

知事の小寺も語った。

「2003年8月に群馬県が登録を提唱し、それ以来、ここまで来たことは本当に感慨深いものがある」

その上で、富岡市が富岡製糸場の所有権を県に移転するよう求めている点について記者が訊ねると、結論として難しいという従来の立場を堅持しながら小寺は言い添えた。

「富岡市はそういうものを持っていることを誇りに思ってほしい」

＊

小寺弘之のこの発言に、私の胸は激しく揺さぶられた。

4年前の8月、世界遺産登録を目指すという目標を公言した時の小寺を思い出す。

一大目標を口にしながら、どことなく冷めているように感じたあの小寺弘之が、富岡製糸場のプロジェクトは数多く抱える企画の中の「あと、もうひとつ」にすぎないように語ったあの群馬県知事が、こんな言葉を口にしてくれるなんて……。

まさにこの発言こそが、私がずっと探し求めていた答えだと思った。柳澤晴夫が胸に抱えていたものだと確信できるものを、小寺弘之がたったひと言で表してくれたのだ。

誇り――。

かつて「そういうもの」を持つことに計り知れない「誇り」を感じ、守り抜いたのが柳澤晴夫だった。そしてその「誇り」は、小寺弘之の中にもしっかりと根づいていたのだ。

柳澤晴夫にとって、富岡市役所の職員・津金澤正洋との出会いは驚きでもあったようだ。富岡市役所の中に、まさかそうした職員がいるとは思いもしなかったのだ。自分と同じように富岡製糸場の史実を深く知り、その建築に対して、その創立と維持にかかわってきた先人たちに対して、心から敬意を払う。

柳澤は津金澤に、笑みを浮かべながら何度となく訊ねた。

「君は本当に、富岡市役所の職員かね」

すでに信頼を得ていた職員の仲立ちで知り得た新市長・今井清二郎もまた、柳澤晴夫と同様の知識と思いを持つ人物だった。

操業を休止したあと、新聞紙上には、富岡製糸場を敬う姿勢など感じられない思いつきの「私案」が相次いだ。口さがない人たちの無責任な提案と対峙し続けていた柳澤にとって、富岡市長と過ごす情報交換会は、どれほど心休まるひとときだったろう。富岡製糸場の歴史を、建築への賛嘆を、かかわった人々への畏敬を胸に、富岡製糸場が目指すべき未来について率直に語り合うことができたのだ。

柳澤晴夫は富岡製糸場を保有することを誇りに思い、今井清二郎はそれが「富岡市富岡一番地一」にあることを誇りとしていた。

ふたりの思いはまさに駅伝の襷（たすき）のように、「そういうもの」が群馬県にあるという誇りとして小寺弘之にも受け継がれた。だからこそ片倉工業と、富岡市と、群馬県の三者の間に、誠意ある新たな関係が生まれ、積み上げられていったのだ。

そしてもうひとり、富岡製糸場の価値を深く知り、「そういうもの」が日本という国にあることを誇りに思う人物が発言をする。それは、暫定リストに追加記載という朗報の2カ月後、平成19年（2007）3月に書かれた文章だった。書いたのは、富岡製糸場を世界遺産にという趣旨のコメントを、誰よりも先に公言した研究者・清水慶一である。

清水は自身の著書『近代化遺産探訪』の中で、富岡製糸場がユネスコの世界遺産の暫定リストに登録されていると触れながら書き記している。

「近代化遺産とは古い工場や倉庫、鉄道施設や港湾、橋や上下水道施設などのことを指している」とした上で、こう述べた。

「恐らくこのような近代化遺産の後ろにある『物語』に私は興味があるのだろう」

私も同じなのだ。

会報誌の取材・撮影を終えてからも、さらにこうして取材を重ねるようになるとは、初めて富岡製糸場に訪れた日には思いもしなかった。

維持へと舵を切り、その信念を曲げなかった社長、柳澤晴夫の真意を知りたい。その思いを胸に、次へ、次へと扉が開き、扉の向こうにつながる道を、先へ、そのまた先へと歩むことになったのは、富岡製糸場には人に語りたくなる物語が尽きることなく蓄積されていたからだ。そしてその物語は、柳澤の心の奥底にも常にあったはずだという確信が私の胸に生まれていたからだ。

どうしても書き残しておきたい人物を見つけ、その人物について調べるうちに魅力的な物語に出会う。その先にはまた別の人物の物語があり、さらに先にはというように、富岡製糸場には、単に150年近く存続したという言では語れない、語り継ぎたくなる物語が積み重ねられていた。明治から大正、昭和、そして平成になってからも、それは継続されていたのだ。

平成19（2007）年8月、片倉工業は『写真集　富岡製糸場』を刊行した。本の冒頭で片倉工業社長の岩本謙三が謝辞を述べている。

「この写真集は、富岡製糸場を愛することでは人後に落ちない前市長の今井清二郎様から、記念写真集発刊のアイデアをいただいたのをきっかけに刊行された」

「感謝のつどい」の終了後、市長室で懇談した際に今井が岩本に提案したのだ。66年間、維持し続けてきた片倉工業がこうした写真集を出すからこそ意義深く、歴史的転換期を迎えた歴史の一ページが永久に残るのではないかという発案だった。

その写真集の巻末座談会で、群馬県新政策課世界遺産推進室長の松岡利隆が清水慶一に、思い描く富岡製糸場の理想の未来像について、笑いを交えながら訊ねている。ふたりは平成元（1989）年に群馬県で近代化遺産調査の準備が始まって以来およそ20年、ともに同じ道を歩んできた。だからこそ親しみを込めた問いかけだった。

「どんなイメージですか、10年たってお孫さんを連れてきたら（笑）」

松岡の問いに、当時56歳の清水はこう答えた。

「そうですね。展示室があって、絹の歴史や日本の産業の博物館があり、群馬大学や東京大学などの研究室もあり、私のいる国立博物館の分室もあって（笑）。

周りも景観的に整備され、シャトルバスみたいなのが出て、産業遺産を回っていく。拠点では養蚕の体験ができる。

要は、これからもう観光だけで皆さん満足しないし、地域は地域でブランドイメージをつくっていく。そういうときに富岡製糸場はすごく力を発揮していくのではないでしょうか」

私には、世界遺産登録の発案者が、製糸場の具体的な未来像を、自分もまたその中ですごせる時間を、心から楽しみにしながら語っているように思えた。

＊

市長・岩井賢太郎からの、富岡製糸場への入場を有料化するという方針は、前年秋の市議会では、周辺整備が行き届かないなどの理由で否決されたが、平成19（２００７）年3月の市議会で可決された。

4月1日から見学料は大人５００円、高校・大学生２５０円、小・中学生１５０円になった。以後、富岡製糸場の保存整備工事を進める上での貴重な財源となっていく。

そして迎えたゴールデンウィーク。有料になったことで観光客減が心配されたが、世界遺産暫定リスト入り効果で人気を集め、富岡製糸場入場者は、前年は２９６１人に対して本年は１万３６５７人と約4・5倍にまで膨らんだ。

有料化が始まる直前の平成19（２００７）年3月19日。富岡製糸場内にて、施設を富岡市に寄贈した片倉工業主催による記念碑の除幕式が開催された。記念碑は黒御影の石碑。幅２メートル、高さ１・２メートル。碑文には、富岡製糸場の創立から現在までの沿革と、その類例のない価値が記された。

序幕式の式典に出席した関係者50名の中には、社長の岩本謙三をはじめ、片倉工業の経営陣など、そし片倉工業より来賓として招待された人には、群馬県知事・小寺弘之とともに、前市長・今井清二郎の姿もあった。

今井が岩本に式典後の予定を訊ねたところ、富岡では昼食も何も予定がなく、東京に帰社するだけと聞く。そこで今井は自分の事務所に岩本謙三、会長・清田雅義、専務・竹内彰雄、常務・清水敏男らを招き、歓談するとともに、手作りの紙芝居「私の富岡製糸場物語」を上演した。

いずれこの紙芝居は、富岡中央ロータリークラブなどでの上演を経て、漫画家に絵を依頼、紙芝居器なども揃えた本格的なものに発展していく。

文化庁は常々慎重に世界遺産候補を選定し、推薦書の作成に関して細かに指導をしていた。そのため日本から登録推薦書を世界遺産センター経由で世界遺産委員会に提出すれば、その先のハードルとなるイコモスなどユネスコ協力機関の審査では必ず「登録」の勧告が下りるものと考えられていた。

ところが片倉工業による記念碑除幕式から2カ月後の平成19（２００７）年5月、予期していなかったニュースが流れる。日本が世界遺産候補として推薦、申請した「石見銀山遺跡とその文化的景観」に対して、イコモスは「登録延期」を勧告したのだ。

日本はすぐさま補足情報を提出。世界遺産委員会へ直接働きかける。

1カ月後、ニュージーランドで開催された第31回ユネスコ世界遺産委員会において石見銀山は逆転して「登録」を勝ち取った。


同年5月。7月に迎える群馬県知事選に向け、現職知事・小寺の対抗馬としてすでに前年11月に立候補を表明していた大澤正明（おおさわまさあき）候補の後援会組織が立ち上がる。大澤は昭和21（１９４６）年、群馬県新田郡尾島町（おじままち）（現・群馬県太田市）生まれ。小寺より六つ下。慶應義塾大学工学部卒。群馬県議会議員を四期、及び議長も務めた。

大澤候補の後援会発会式には約６００名が参加。広く参加を呼びかけられた市町村長だったが、出席者として紹介されたのはふたりのみ。その内のひとりが富岡市長の岩井賢太郎だった。

7月5日。群馬県知事選が告示された。

四期16年を務め五選を目指す現職の小寺弘之、自民党公認を得て立候補を表明していた大澤正明、ほか3名による計5名の選挙戦がスタートした。

新聞各紙は概ね、現職の小寺優勢を報じた。

7月22日。投票。即日開票された。

大澤正明　30万5354票　当選
小寺弘之　29万2553票　落選

またひとり、道半ばにしていなくなってしまった……。

私はそう思わずにいられなかった。

富岡製糸場という明治5（1872）年以来の建造物を、稼働もしないまま守り続けた片倉工業の柳澤晴夫は退任した。

その建造物の未来を託された富岡市長・今井清二郎は市長の座を失った。

研究者・清水慶一の発案を受け、調査と研究・検討を重ねた結果、大きな目標を掲げた群馬県知事・小寺弘之もまた、その椅子から下りることになった。

富岡製糸場が世界遺産登録へと向かう物語において、欠かせないと私が思う昭和と平成の主要な登場人物が、次々と姿を消してしまったのだ。

残るのは清水慶一ひとりになった。

平成19（2007）年の群馬県知事選で、私がひとつ残念に思ったことは、「富岡製糸場」という言葉がほとんど聞こえてこなかったことだ。

現職の小寺がひと言、「富岡製糸場もここまで来たし」と安堵をにじませ語っただけで、新知事にいずれ就く大澤をはじめ、ほかの候補者からも、「富岡製糸場」が提案や議論の争点として挙げられることはなかった。

現職知事も候補たちも、国の暫定リストに記載という第一段階を通過したことで、富岡製糸場の世界遺産登録は、日程こそ未定ではあるが、いずれ必ずたどり着けることは確実と考えていたのかもしれない。

だが、そうではなかった。のちに〝衝撃〟という言葉で語られる、大きな事件が起きる。

*

群馬県の世界遺産推進室は群馬県知事選の年、平成19（２００７）年度には職員9名の組織になっていた。さらに年が明け平成20（２００８）年度になると、1名増員、計10名となった。

平成20（２００８）年3月、国の文化庁、群馬県、そして富岡市など関係する8市町村共催の「世界遺産フォーラム」が富岡で開催された。イギリス人研究者2名、ケニア人研究者1名によって、海外の研究者が初めて富岡製糸場と絹産業遺産群を視察した。これまで富岡製糸場単体には平成18（２００６）年以来、イギリスやイタリア、フランスなどからたびたび研究者が視察に訪れていた。だが絹産業遺産群など世界遺産登録を目指す関連施設も併せて視察したのは今回が初めてだった。

6月には、知事の大澤正明がパリのユネスコ本部、世界遺産センターなどを訪問。アジアから初めてユネスコ事務局長に就いた松浦晃一郎（まつうらこういちろう）や、ユネスコ日本政府代表部大使（のちの文化庁長官）

の近藤誠一（せいいち）を表敬した。

世界遺産へと着実に近づいている感を関係者が抱いていた、その矢先のことだ。

7月6日。

岩手県平泉の「平泉——浄土思想を基調とする平泉の文化的景観」がユネスコの世界文化遺産登録審査において、「登録延期」と決議された。日本推薦の案件で延期の決議は初めてのことだった。関係者の間には大きな衝撃が走り、「平泉ショック」と呼ばれた。

平泉ショックの報を知った私がつい関連づけてしまうのが、前年に話題となった石見銀山の世界遺産逆転登録だ。平成19（2007）年5月、イコモスは石見銀山の世界遺産入りについて、証明が十分でないとして登録延期を勧告した。関係者の驚きは大きかった。日本政府が推薦する世界遺産候補はそれまで、すべてそのまま登録されるという流れを誰もが信じていたからだ。

その後、文化庁は文化財調査官らが中心となり、ただちにイコモスからの評価書及び勧告案の内容を吟味、指摘事項に対して英文110ページに及ぶ「補足情報」を作成した。すでに提出済みの推薦書に記載された情報の域を超えずに、石見銀山の価値について確認を促すように反論したのだ。さらにユネスコ委員会各国大使に直接、石見銀山が世界史的な価値と、自然との共生という今日的価値を持つことの説明を繰り返した。その結果、石見銀山はイコモスの勧告を覆す逆転登録を果たしたのだ。

逆転への運動で中心となった人物のひとり、ユネスコ日本政府代表部大使の近藤誠一がその時の経緯を「月刊文化財529号」に書いている。近藤はイコモスの判断を覆すために、パリからまず石見銀山に赴き、現場を視察した。

「日本推薦の案件が記載されなければ、それが世界の基準に達していないことになり、文化国家日本の面子を損なう」

つまり世界遺産登録に向け、各自治体に書類の作成などを指導する立場にある文化庁とすれば、推薦に値するとお墨付きを与えた案件に対して、そのレベルに達していないとするイコモスに、面子を潰されたかたちになってしまったのだ。

だがそこで、慎重な態度をとる。「記載のためになりふりかまわず政治力で自分の価値を押し通すことも、日本のイメージを傷つけ、外交上マイナス」とし、目標を掲げたのだ。

「いかにして国際社会における日本の威信を適切に保つか」

現地視察で近藤誠一自らが感じた「環境にやさしい石見」という新たな視点も、ユネスコ委員会各国大使から評価されるなどして、逆転登録を勝ち取った。

だがこの一件は、正攻法をとりながら日本の威信を適切に保ったとはいえ、いったんは「延期」の勧告を出したイコモス関係者からすれば、逆に面子を潰されたかたちになったのではないだろうか。面子はともかく、イコモスとすればイコモスの勧告こそがイコール最終決定となるように、審査がより厳しくなったことは事実だろう。

石見銀山に対するイコモスからの勧告は、イコモスが新規登録を抑制しようとする傾向にあり、日本国政府が推薦したものがすべて記載されるわけではないという認識を関係者に印象づけた。文化庁は、より慎重に世界遺産候補を選び、推薦書の作成にも、なおいっそう細心の指導をするようになっていたのだ。

平泉の件は、その矢先のことだった。

平成20（２００８）年5月、イコモスは平泉の世界遺産登録についても、世界遺産としての価値の証明が不十分として登録延期の勧告を下したのだ。

中尊寺金色堂を抱える東北を代表する遺産群は、日本においては登録されて当然の空気があっただけに、イコモスの登録延期勧告は日本中に衝撃をもたらした。政府関係者は前年同様に委員会各国に説明を加えるなど外交攻勢をかけた。

1年前に「延期」勧告があった石見銀山の件を覆しての「登録」獲得があっただけに、顔を潰されたかたちのイコモスからの私怨を感じさせるような報道も見られた。だが平泉の延期勧告には、いくつかの具体的な指摘があった。

全体の配置と浄土思想の関連を巡る普遍的価値の証明が不十分であり、対象となるコアゾーンとその周囲の緩衝地帯、バッファーゾーンの整理が不十分、などだ。平泉の関係者は、構成する資産の範囲についても再検討を求められることになった。

富岡製糸場に関しては、暫定リスト入りしたことで、富岡市民や群馬県民にはどこか楽観ムードが漂っていた。だが文化庁は平成19（２００７）年1月の暫定リスト入りに際しても、「日本の近代化を表し、絹産業の発達の面において世界的な意義を持つ」と高く評価しながらも、一方で、富岡製糸場の位置づけを世界史的な観点から明確にし、隣接県の文化財も視野に入れて絹産業関連資産の構成を見直す必要があると言及していたのだ。

国からは事前にこうした指摘を受けていただけに、群馬県の関係者は、平泉の件を重く受け止め、富岡製糸場についても見直しが切迫していることを実感した。推薦を得るための推薦書の原案をまとめるにあたって必須の、構成資産について、文化庁の指摘からおよそ1年半が経っていたが、まだ絞りきれていなかったのだ。

文化庁の公募発表から提出期限までの期間がわずか二カ月と短かったことが、誰もが納得する資産の絞り込みに至っていない大きな原因だった。各資産の価値の高さや富岡製糸場との関係の深さよりも、各市町村の熱意を県関係者が尊重していたため、構成資産は8市町村の10の資産に広がっていた。

いずれ最終的に「富岡製糸場と絹産業遺産群」として世界遺産登録を得るのは、富岡製糸場を含め計四つの資産である。

*

富岡製糸場への世間の関心は着実に増していた。

平成20（2008）年9月5日、富岡製糸場を訪れる見学者が50万人に達した。平成17（2005）年10月の片倉工業から富岡市への製糸場所有権移転記念式典「感謝のつどい」を受けて一般公開となって以来の累計だ。見学者は初年度およそ2万人、2年目は約11万3000人、3年目は約25万人に上った。次の目標は、100万人達成だった。

平成21（2009）年を迎え、群馬県は県内の資産の調査研究をさらに進めていた。7月には推薦書の具体的な記述内容を検討するために群馬県世界遺産学術委員会が発足。国立科学博物館の清水慶一は副委員長に就いた。

富岡製糸場単体でも世界遺産登録の価値が十分にあるのではないかという意見もある中、現地視察、古文書の精読を進め、議論と検討が重ねられた。より強いメッセージ性があり、世界視点にてわかりやすい資産構成を確立させるのが目的だった。8月には清水らが資産の候補となる案件を視察した。

さらに秋に全3回にて「世界遺産伝道師養成講座」が開かれた。清水や富岡製糸場総合研究センター所長に就いていた今井幹夫らを講師に迎え、バス代、昼食代、テキスト代つきとはいえ有料5000円の参加費での募集は、富岡製糸場への関心の高まりを物語っていた。

同じ頃、国民の国政への関心が、かつてなかったほど日々増していた。

平成21（2009）年8月、衆議院議員選挙で民主党が単独過半数を大幅に上回る議席を獲得、政権交代を果たしたのだ。

鳩山内閣が発足、支持率71パーセントという驚きの数字とともに船出する。

話題が翌年の参議院選挙へと移る中で、群馬県前知事、小寺弘之の周辺がざわつき始める。12月、小寺は民主党県連の会長、そして民主党選挙対策委員長より続けて翌年夏の参院選に、党公認の比例代表候補として立候補を要請されたのだ。

「今のところまったくの白紙。熟慮して態度を決める」

記者からの質問に、小寺はその場での回答を保留した。

年が明けた平成22（2010）年1月。参院選の出馬については白紙としていた小寺弘之が、民主党幹事長・小沢一郎の訪問、会談を受け、出馬を正式に表明する。

「わざわざ小沢幹事長がおいでになり、三度目の出馬要請があった。日本が大きな政治的な転換期にあり、私にできることがあるのか真剣に考えてきた。地方の声、国民の声を国政に反映させることが大事」

記者たちの前で小寺は幹事長の小沢と両手を固く握り合った。

だが一方で、鳩山内閣は発足直後からその支持率を急降下させていた。数カ月前に70パーセント超えだった支持率は、小寺が立候補を表明した1月には42パーセントに降下、不支持が41パーセントにまで上昇した。5月になると支持17パーセントに対し不支持は70パーセントにまで跳ね上がる。

民主党の支持率の急転と参院選の話題が連日報道される中、富岡市長選が迫る。現職の岩井賢太郎は選挙の半年前に再選に向けて立候補を表明していた。

平成22（2010）年4月4日、市長選が告示された。

現職の岩井と、新顔で19年市議を務めた候補・岡野光利との一騎打ちとなる。岡野は岩井と同じ昭和16（1941）年生まれ。候補者がふたりとも世界遺産登録を公約に掲げる初の選挙になった。

岩井陣営は出陣式と決起大会で、新顔陣営を圧倒的に上回る動員力を見せた。

平成22（2010）年4月11日。富岡市長選挙、投票、そして即日開票。

岡野光利　１万６０２７票　当選
岩井賢太郎　１万２７７４票　落選

世界遺産登録を目指す富岡製糸場を所有する富岡市。その市長の顔がまた変わった。

富岡市の顔が変わっても、富岡製糸場への関心はますます高まっていた。

その機運はふたつの市民活動にも現れていた。ひとつは平成８（１９９６）年の夏の三カ月間、富岡工場敷地内にて外観の公開が実現された際に、退職校長会富岡甘楽支部の会員の有志18名によって生まれた解説員の集まり。見学者に解説を加える運動はその後も継続され、平成19（２００７）年の世界遺産暫定リスト入りを受け、４月に「富岡製糸場解説員の会」として正式に組織された。会員は56名にまで増えていた。

もうひとつが、平成22（２０１０）年５月、「富岡製糸場を愛する会」の特定非営利活動法人、ＮＰＯ法人化だ。自治体や私企業とは独立した存在として、市民・民間の支援のもとで社会的な公益活動を行う組織・団体として国から認められたのだ。

この会は、「富岡製糸場を地域の宝として守り伝えていこう」という思いから、富岡製糸場が操業を休止したその翌年、昭和63（１９８８）年におよそ20名の有志が集まり誕生した。その９年後、平成９（１９９７）年には甘楽町長の実弟が執筆・出版した小説『かたわれの槌音（つちおと）』を販売、得た資金を元に甘楽町の有志もまた同様の目的を掲げて集まり、合流する。そして平成15（２００３）

年の群馬県知事・小寺弘之による世界遺産登録を目指すという記者会見を経て、会員を飛躍的に増やしていく。平成16（2004）年3月時点では30名だったのが、翌平成17（2005）年3月には800名に膨れ上がり、平成18（2006）年3月には1200名と増加の一途をたどる。会員数の増加がそのまま富岡製糸場への一般市民の関心度合いの高まりといえるだろう。そしてNPO法人となった時点で一般会員は1454人、法人会員は56社を数えるようになっていた。

NPO法人記念式典にて理事長の高橋伸二は語った。

「新たなステップを踏み出すことで、製糸場を中心とした街づくり活動に取り組んでいきたい」

そして迎えた6月、国民の声を問う、参議院選挙が始まる。世界遺産構想をテレビで公言した前知事の小寺弘之が今度は国政にて、富岡製糸場の世界遺産への道筋を要所要所にて応援してくれる。関係者の多くがそう期待を寄せたのではないだろうか。

だが一方で新聞紙面には、日を追うごとに「候補乱立」の文字が目立つようになった。民主党の公認候補は100名を超えていたのだ。小寺は、民主党が自分と同様に公認した候補が池谷幸雄や桂きん枝、岡崎友紀、庄野真代など非政治畑の人たちと知った時、どう思っただろうか。

「民主党から参院比例で立候補する小寺弘之です。4期16年、群馬県をこよなく愛した人間として、私を国政に送ってほしい」

平成22（2010）年6月21日午後1時過ぎ。小寺弘之はJR高崎駅前で民主党の宣伝カーの上から熱弁をふるった。

そして迎えた7月12日。投・開票日。

比例選における民主党は有田芳生が37万票超えで1位当選。谷亮子が35万票超えで2位当選を果たす。16位まで「当」の文字が並ぶ中、小寺は八代英太（17位）や喜納昌吉（19位）らに続く21位だった。

小寺弘之　6万8346票　落選

「群馬のため、政治の安定のため、厳しい道とは知りながらこの選挙に臨んだが、結果が出せなかった」

選挙事務所にて沈痛な表情で話した小寺は、支援者らと握手を交わした。

7月14日。

これ以上政治活動を続けるのは晩節を汚すという声もあるが、という記者からの厳しい問いかけに対して小寺は、気迫に満ちあふれた政治家の顔で答えた。

「民主党はまだ頼りない。民主党が掲げる地域主権は、知事の頃からの信念と一致する。なんとしてでも実現させないといけない。だから自分はまだまだ頑張るんだ」

さらに翌日、都内で開かれた民主党県連役員会に小寺は県連顧問として参加した。

その4日後となる7月19日のことだ。小寺は心筋梗塞で倒れ、群馬県内の病院に搬送された。緊急手術を受け、リハビリを行う。だが7月末に容体が急変する。

9月、小寺弘之は東京大学医学部付属病院に転院した。

平成22（2010）年9月末。

文化庁は「富岡製糸場と絹産業遺産群」について、9月30日が期限のユネスコの世界遺産委員会への今年度の推薦を見送った。目標としていた平成24（2012）年度登録の可能性はなくなり、平成25（2013）年度以降に延びることになった。実際のところ、「武家の古都・鎌倉」のように、平成4（1992）年に暫定リスト入りを果たしてから18年もの間、推薦に至っていない案件もあるだけに、見通しは不明という状況だった。

より明快な資産構成を目指す群馬県が検討の結果、予定していた10カ所の資産うち、国指定の文化財ではない資産4カ所を除外、6資産に絞り込む中、富岡市を訪れる観光客の数は着実に増え続けていた。

平成22（2010）年10月17日。富岡製糸場の見学者は、累計100万人を達成した。

＊

富岡製糸場についての明るいニュースが流れる中、東京の病院で闘病を続けていた小寺弘之が静かに息を引き取る。平成22（2010）年12月21日。70歳だった。

旧自治省の先輩であり後援会長も務めた元官房長官・武村正義がコメントした。

「裏も表もなくすっきりした人柄で、私からは古武士の人に思えた」

12月25日の通夜には約900名の弔問客が訪れた。

12月26日に告別式。約１２００名を前に、元民主党代表・小沢一郎は急遽、弔辞を申し出る。

「微力がゆえに、選挙では大変失礼な結果になってしまった」

「出馬の御礼を申し上げるのがお別れの場になり、申し訳なく思う」

小沢は謝罪の言葉を繰り返した。

明けて平成23（２０１１）年２月８日。群馬県民葬には約９００名が参列した。葬儀委員長は群馬県知事、大澤正明が務めた。


人は一面では語れない。受ける印象も、相対する人によってそれぞれだろう。だが、小寺弘之に添えられた一語が、私の胸を刺した。

古武士の人。

それは、私が柳澤晴夫について取材を進めるうちに、柳澤と面識がある人が、柳澤を評して口にしていた表現でもあった。

＊

小寺弘之の群馬県民葬が新聞に大きく報じられた、その12日後のことだ。またひとつの報が、富岡製糸場の世界遺産登録を目指す関係者に衝撃を与える。

平成23（２０１１）年２月20日。富岡製糸場の世界遺産登録の可能性を初めて公言した研究者、清水慶一が、肺ガンのため亡くなった。

肺ガンは1年7カ月前の夏に発覚していた。医師からは「残された命は4カ月」と宣言されていた。だがその直後に発足した群馬県世界遺産学術委員会で清水は副委員長を務め、群馬県に何度も足を運んだ。

体調が回復に向かうことはなく、その身体は日増しに痩せていった。しかし周囲から心配の声を掛けられても、なんでもない、と病状については伏せたまま清水は活動を続けた。免疫療法などの治療を試しながら海外の会議にも出張、隔月で開催された学術委員会にも休まず出席した。構成資産を絞り込むための調査に群馬県に通い続けながら懸案の推薦原案書づくりに没頭した。

だが、完成した書類を見ることはできなかった。

まだ、60歳だった。

清水慶一の訃報に接し、私はこんな印象を抱く。

まさに瀬戸際に現れた救いの人だったのではないだろうか。

昭和62(1987)年2月末をもって操業を休止した片倉工業の富岡工場は、富岡市に建物群を無償で譲渡した平成17(2005)年9月末までの18年7カ月の間に、保存維持のための経費が約18億円にまで膨らんでいた。その金額を知ると、ぎりぎりのタイミングだったのではないかと想像してしまう。

先人たちが、そして働く現在の従業員もまた納得し、誇りに思えるような再活用の方法を見つけ出そうと柳澤晴夫をはじめとした片倉工業の経営陣は検討を重ねた。だが最良の案を見出せないまま、一年、また一年と歳月が経つ。暗闇にもがくような日々の中で、清水の発案は、苦しみながらも維持にこだわり続けたからこそもたらされた、一筋の光のように思えてしまうのだ。

これまでの経緯には、いくつもの幸運を私は感じずにはいられない。

平成元（１９８９）年に文化庁が全国規模の近代化遺産調査の実施を決め、各都道府県の中で群馬県を最初の県のひとつに決めたことから、夢のような軌跡を描き始める。

主任調査委員に近代建築史の大御所・村松貞次郎が選出され、調査員のひとりに当時39歳の国立科学博物館研究員・清水慶一が選ばれたことが次の契機になった。

関係者は、近代建築史の権威からのお墨付きを知り、あらためて富岡製糸場の価値を見直した。そして清水が富岡製糸場に惚れ込み、足繁く現場に通ったからこそ、やがて世界遺産登録という発案に至ったのだ。

この発案を、群馬県教育委員会文化財保護課に当時異動したばかりだった松浦利隆をはじめとした県の職員がしっかりと受け支え、小寺弘之知事は文化振興に力を注いでいたからこそ、身を乗り出したのだ。こうした積み重ねがあったことが、平成15（２００３）年8月25日の知事定例会見での発言となった。

一方で、群馬県からの発案に、富岡市が理解を示さなかったら、そして片倉工業と富岡市の関係が良好でなかったら、壮大な構想は話題にはなっても実現への道はさらに険しいものになっていただろう。

小寺の発表を受け、市長の今井清二郎がそれまで進めていた再開発計画の中止を決定していなかったら、対象となる建造物の周囲の環境をも重視する世界遺産登録は現実味を帯びなかっただろう。

そもそも官営富岡製糸場の未来を託せる相手として、富岡市であればという信頼が片倉工業の中に芽生えていなければ、世界遺産という未来を片倉工業の関係者は共有できなかったかもしれない。

定例会見の8年前、新富岡市長に就いたばかりの今井が片倉工業を訪ね、会長の柳澤晴夫に誠意を見せ、懇親を深めたことが、信頼関係の礎となったのだ。そうした会長と新市長の交流の場を速やかに設けることができたのは、災い転じて福となした「怒られ窓口」津金澤正洋の存在があってのことだった。

県知事・小寺弘之の定例会見は、立役者のひとり、柳澤晴夫が平成13（2001）年3月29日に退任し、片倉工業が、閉鎖した工場の保存継続という方針の後ろ盾を失った、その2年後のことだった。

会見がもしもあと1年でも遅れていたら……。

つい、現実とは異なる、悲しい未来を想像してしまう。片倉工業としても、目標のないまま毎年高額な負担を強いられる不動産をこれ以上持ちこたえることができずに……。

片倉工業、富岡市、そして群馬県の中で、そして互いの間で積み上げられてきた、こうした事柄は、単に偶然が重なったのではない。私にはすべてが、富岡製糸場を愛する人たちだからこそ築き上げることができた必然の積み重ねであったように思える。先人たちの、そして現関係者たちの富岡製糸場への思いの深さが、一つひとつの事象を引き寄せたのではないだろうか。

おそらく世界遺産への道を一歩、また一歩、前へと踏み出すたびに、関係者の多くが清水慶一発案を褒め称え、その熱意に対して言葉に出して感謝したことだろう。

　さすがですね清水さん、と。

　清水さんのお陰ですね、と。

　だがその発案者であり、最大の推進力を担った当人が、ユネスコへの推薦という大きな一歩の手前で、その道から退かざるを得なくなったのだ。

　さぞかし無念だっただろう。

　清水は以前、写真集の巻末座談会で語っていた。

「群馬大学や東京大学などの研究室もあり、私のいる国立博物館の分室もあって（笑）。周りも景観的に整備され、シャトルバスみたいなのが出て、産業遺産を回っていく。拠点では養蚕の体験ができる……」

　笑いを交えながら10年後の富岡製糸場の姿を想像し、自分の将来と重ねながら、まるで幼い子どもが未来都市を夢見るように清水慶一は語った。

　だがその時の清水には、10年後の未来を見られるだけの時間は残されていなかったのだ。

　ひとりの研究者の存在を、道半ばにして亡くなったその人が描いた夢の未来を、多くの人が記憶に残してほしいと私は願う。

第9章

採択の木槌

その日も私は富岡製糸場を訪れていた。世界遺産登録となった3カ月後の初訪問から、もう何度目だろう。指折り数えてもすぐには正確な回数をいえないほどになっていた。その私も、実はゲートのすぐ先にある碑文をじっくりと読んだのは初めてだった。

初訪問の際には、目の前に立ちはだかる東繭置所に、その外壁の煉瓦に、心が引き寄せられてしまい、その存在にさえ気づいていなかった。さすがに再訪して撮影に入った時にはしっかりと黒く光る見事な石碑は視界にあったのだが、沿革史が書かれていると知り、意図的に読まないようにしていた。富岡製糸場の歴史を、自分の手で楽しみに1ページ、1ページめくる前に、石碑の「あらすじ」を知ってしまっては、せっかくの感動が薄れてしまう。拝読を後延ばしにしていたのは、そんなこだわりからだった。

こうして自分なりに明治から平成までの歴史をたどったあとに、碑文をじっくりと読むことにしたのだ。

「撰文」は「富岡市立美術博物館　館長　今井幹夫」と刻まれていた。

歴史ある建造物について簡潔に、そして洩れなく説明するのはさぞかし大変だっただろうと推察する。それだけ私の中には語りたい逸話が、登場人物たちの名前とともに刻まれていた。

富岡製糸場の長い歴史の中で、区切りとなる年月として碑文の文面で語られていたのは、次の六つの事項についてだった。


明治5年に、殖産興業の一大政策のもとに政府が威信をかけて創建した器械製糸工場である。

昭和14年に片倉工業株式会社の所有となり、片倉工業株式会社の全盛を築いてきた。

昭和62年3月に操業を休止した後も、片倉工業株式会社が保全管理に努めてきた。

平成17年7月、国史跡に指定された。

平成17年9月30日をもって、全建造物を富岡市に寄贈した。

平成18年7月に、創業当初の建造物などが重要文化財に指定された。


多くの人が記憶に刻んでほしいと願うこうした史実とともに、最後はこう締め括られていた。

「この歴史的文化的価値の高い事績を末永く顕彰すると共に保存活用されんことを祈念してこの碑を建立するものである」

この『顕彰』という二文字に込められた思いの深さが、しみじみと伝わってくる。

取材を通じてこの建造物の歴史をたどり、そこにかかわった語るべき人たちの意志の強さ、誠実な心を知った今だからこそわかる。この文面は、社長の岩本謙三をはじめとした片倉工業の全従業員からのメッセージであり、初代片倉兼太郎からの代々の経営者の思いであり、かつてこの建造物にて仕事に就き、学んだ、すべての人たちからの願いでもあるのだ。

もちろんすでに退任した柳澤晴夫の思いも、この石には深く染み込まれている。

＊

衝撃となった「延期」勧告の翌年の平成23（2011）年、平泉では2回目の推薦書に基づくイコモスによる現地調査が実施された。

結果を検討したのちの5月、イコモスは「登録」の勧告を出す。

このニュースは、2カ月前の3月11日に発生した東日本大震災で大きな被害を受けた人たちにとって、復興に向けた希望の光となった。

6月、パリにて開かれた第35回世界遺産委員会において、「平泉——仏国土（浄土）を表す建築・庭園及び考古学的遺跡群」の世界遺産一覧表への記載が決定した。

富岡製糸場関係者は、平泉の3年越しの「登録」への道のりから実感する。登録には、日本史ではなく、世界史的な視野からの価値をいかに簡潔に説明し、その説明に基づいた明快な資産構成が求められるのだ。

平泉が再挑戦を経ての世界遺産登録獲得に湧く中、同じ平成23（2011）年6月。高崎市内にて富岡製糸場世界遺産登録に向けたPRイベント「シルクカントリーぐんま世界遺産キャンペーン」が開催された。県内各地に残る遺産群を解説したパネルや富岡製糸場の200分の1模型、そして生きた蚕の幼虫や繭玉も展示される中、初日に紙芝居が上演された。弁士として登壇したのは元富岡市長、今井清二郎だった。

第1話　旧官営工場富岡に決まる
第2話　富岡製糸場建設の物語
第3話　全国から集まった工女たち
第4話　皇后皇太后の行啓

今井は平成18（2006）年に市長を退任したのを機に、富岡製糸場の魅力と価値について、人と人との血の通った伝達手段はないかと考え、手作りの紙芝居『私の富岡製糸場物語』を制作した。それが出発点となり、片倉工業の経営陣を前に上演。その後も富岡製糸場内で開催された富岡中央ロータリークラブの例会で何度か披露するうちに、富岡製糸場の魅力と価値を広めるというその目的に賛同した同クラブからの声掛けで、漫画家に絵を描いてもらう本格的な紙芝居の制作が決定した。今井清二郎が全5話すべての脚本を手がけ、富岡製糸場総合研究センター所長・今井幹夫が監修。『赤煉瓦ものがたり』第1話から第4話が完成した。「第5話　世紀を超える歴史物語」は、紙芝居を全面移管した「NPO法人富岡製糸場を愛する会」が制作にあたり、翌年5月の完成を目指していた。

市長選に敗れたことで、私はてっきり、今井清二郎は世界遺産を目指す富岡製糸場という大きな舞台から降りてしまったものと思っていた。

柳澤晴夫が去り、小寺弘之が、そして清水慶一までもが相次いで亡くなり、昭和から平成にかけ、富岡製糸場が世界遺産へと歩む物語を牽引した主要な登場人物がひとりもいなくなってしまったと、私は何ともやるせない思いになっていた。

だが、そうではなかった。この紙芝居は平成28（2016）年には絵本『赤れんがものがたり』となり全国発売される。

たとえ市政の中心にいなくても、富岡製糸場を愛する気持ちさえあればできることはいくらでもある――。

富岡市民・今井清二郎の活動は、そう語りかけていた。

*

平成23（2011）年9月28日。

念願だったユネスコへの推薦原案書が完成する。群馬県知事・大澤正明はその推薦原案書を手に、文化庁長官・近藤誠一（「石見銀山」の時はユネスコ日本政府代表部大使）を訪ねた。

4年前の1月、「富岡製糸場と絹産業遺産群」は世界遺産候補に選ばれ、朗報に富岡市内には花火が上がった。世界遺産へとつながる第一段階の扉が開いたのだが、その後、国としてのユネスコへの推薦には至っていなかった。大澤の訪問は、ユネスコへの推薦原案書を提出するとともに、今年度は国の推薦に落選したが、来年度こそはユネスコに国の推薦をという要望が目的だ。そしてそれは、清水慶一の訃報から、わずか7カ月後のことだった。

平成24（2012）年1月。文化庁は、平成4（1992）年に暫定リスト入りした「武家の古都・鎌倉」と、富岡製糸場と同じ平成19（2007）年に暫定リスト入りした「富士山」の2件の推薦書をユネスコに提出した。

富岡製糸場の推薦書については英語版も進行。平泉の経験上、構成資産の精選が議題となり、文書や遺物などの根拠が明確な四資産を、最終的な構成資産として確定した。

富岡市の富岡製糸場。
伊勢崎市の田島弥平旧宅。
藤岡市の高山社跡。
甘楽郡下仁田町の荒船風穴。

7月、文科省「世界文化遺産特別委員会」が「富岡製糸場と絹産業遺産群」の推薦を了承する。
9月、推薦書の暫定版がユネスコに提出された。

一方、富岡市は平成24（2012）年、「史跡・重要文化財（建造物）旧富岡製糸場整備活用計画」を策定する。富岡製糸場が重ねてきた歴史とシステムを重視し、約30年という長期計画で全施設の保存整備事業を始めたのだ。まずは総合的な防災工事や西置繭所の保存修理などに取り組むことになった。

ユネスコから「富岡製糸場と絹産業遺産群」推薦書の暫定版について訂正の指示が届く。訂正後の正式な推薦書が、平成25（2013）年1月、パリのユネスコ世界遺産センターへ届けられた。

第二段階通過。

いよいよという機運が関係者の間に深まる中でのことだ。届け出から三カ月後の平成25（2013）年4月、富岡製糸場に一歩先んじていたふたつの案件について出されたイコモスの勧告が再び衝撃を与える。

「富士山」は、構成資産のひとつを除外することを条件に「記載」。

「武家の古都・鎌倉」については、石見銀山や平泉の「延期」とは異なり、日本が候補として推薦した案件としては初めての厳しい評価「不記載（登録不可）」が勧告されたのだ。

国が鎌倉の推薦を取り下げ、富士山は文化庁長官・近藤誠一による働きかけなども功を奏し、平成25（2013）年6月、世界遺産登録となった。

同年9月。イコモスによる「富岡製糸場と絹産業遺産群」に関する現地調査が3日間にわたり実施された。

だがその後、ユネスコ世界遺産センターからの連絡はなく、月日が流れていった。

関係者とすれば自信をもって届け出た推薦だった。だがここに来て日本が自信をもって届け出た推薦に対して続けざまに「延期」「不記載」と厳しい評価が続いているのも事実だった。

年が明け、富岡市長選挙を迎える。

現職の岡野光利が不出馬を表明。選挙の結果、前市長の岩井賢太郎が返り咲きを果たした。平成26（2014）年4月23日。岩井市長初登庁。そのわずか3日後の4月26日未明、0時20分頃、外務省を通じて文化庁に一報が届く。

岩井のもとにも午前2時38分、NHKの記者から電話が入る。イコモスから「記載」の勧告が出たという朗報だった。

第三段階通過。

快報は朝7時45分、防災無線で富岡市民にも届けられた。8時に岩井は住民ら約2000人とともに「万歳三唱」で喜ぶ。万歳の音頭をとったのはNPO法人「富岡製糸場を愛する会」の理事長・高橋伸二。

9時前には市役所に懸垂幕設置。岩井は終日、テレビ、新聞への取材対応に追われた。翌日の富岡製糸場には開門前から300人もの行列ができた。

迎えた平成26（2014）年6月21日午前10時56分（日本時間午後4時56分）。カタール国の首都ドーハ、「カタール・ナショナル・コンベンション・センター」の大ホール。

各国関係者を前に、ユネスコ世界遺産委員会の女性議長シーカ・アル・マサヤが「富岡製糸場と絹産業遺産群」の世界文化遺産登録について、審議の結果を報告した。

「アドプトゥッド　コングラチレーション　ジャパン（Adopted. Congratulations Japan）」（採択されました。おめでとう、日本）

議長が木槌を力強く叩いた途端、会場は大きな拍手に包まれた。

＊

元ユネスコ事務局長の松浦晃一郎が、世界遺産登録に15年以上係わってきた経験を元に富岡製糸場の評価を語っている。

「世界遺産登録の案件を300くらい見てきたが、富岡製糸場の一番の強みは建物がしっかりと残り、それが街の真ん中にあることだ。ユネスコは景観も重視している。かといって製糸場単体では弱い。登録されるには世界の宝でないといけない」

建物群の良好な維持保存状態と同様に、富岡市の住民からはかつて問題視する声も出た「富岡市富岡一番地一」という〝街の真ん中〟のロケーションが高く評価されたのだ。

平成26（2014）年6月22日。


『悲願かなった』


大きく報じた紙面には、7年前からその任に就き、ゴールへと走りきった群馬県知事、大澤正明の満面の笑顔があった。文化庁長官の青柳正規（あおやぎまさのり）と固い握手を交わすその姿の向こうに、今の私であれば見える。

明治3（1870）年に国策として器械製糸工場を建設するという基本構想を起案した渋沢栄一の顔が。その志を受け継ぎ、この敷地選定に、官営工場の建設に、その資材調達に尽力し、操業後は職場環境の改善に日々努めた尾高惇忠の姿が。

尾高と親交があり、その後の改革を担った速水堅曹の姿もまた目に浮かび、やがてその工場の払い下げを願う片倉工業創業者の初代片倉兼太郎の顔も、従業員のために、そして国民のために諏訪湖畔に豪華な温泉施設・片倉館を建てた初代社長・二代片倉兼太郎の顔も、兄の夢を実現し、ついに富岡製糸場を手中にした「世界のシルク王」今井五介の顔も見える。

閉場の危機を救った楫取素彦の名が浮かび、昭和から平成にかけては、誠意を重んじ、力を尽くした、経営者、市長、知事、研究者、そして多くの群馬県民、富岡市民の姿も今の私には、はっきりと見える。

そして思うのだ。柳澤晴夫には社長に就いた時点から、いや、もしかしたら入社を希望した時から、こうしたすべての先人たちが見えていたのではないだろうか。

全国各地に稼働していた製糸場の閉場を1軒、また1軒決断し、ついには富岡製糸場の操業も休止せざるを得ないと決断した時も、休止していた期間、口さがない再活用の意見が盛んに新聞紙上を騒がしていた時も、常に柳澤の目はきっと、富岡製糸場の未来を見つめるだけでなく、忘れてはならない過去にも向けられていたのだ。

いまこうして紙面を飾っているのは、その柳澤晴夫も含め、数多くの人たちの志を受け継いだ走者の笑顔だった。

*

平成26（2014）年の世界遺産登録後に迎えたお盆休みには入場者数が急増、8月14日には1

日で８５７６人を数えた。１週間で5万人に迫る勢いとなり、２０１4年度の入場者は計１３３万７７２０人にのぼった。

ところが徐々に陰りが見え始める。さらにその陰りに新型コロナウィルス感染拡大による臨時閉場が重なり、２０２０年度は17万７４１９人と、入場者数は世界遺産に登録された6年前の1割強にまで落ち込んでしまう。運営費をまかなう入場料収入は見込みの3分の1にとどまり、市の一般財源から捻出せざるを得なくなった。

入場料収入の激減は、建築の保存と整備活用計画に深刻な影を落とす。

富岡市は平成20（２００８）年においてすでに「富岡製糸場保存管理計画」を策定。世界遺産登録の2年前、平成24（２０１２）年10月には「富岡製糸場整備活用計画」を決め、「富岡製糸場が重ねてきた歴史とシステムを保存管理し、整備し、多様な魅力を最大限に引き出す」という基本方針を掲げた。工期約30年を想定した壮大な保存整備工事は、その第一段階となる短期工事のうち、西置繭所の整備活用工事が、世界遺産登録翌年の、平成27（２０１５）年に着工、令和２（２０２０）年10月に竣工した。

工事を進める富岡市においても、さまざまなイベントを企画する群馬県においても、首長の肩書きは別の人物へと受け継がれていく。

大澤正明は平成31（２０１９）年2月、次期知事選への不出馬を表明。

改元により令和元（２０１９）年となった7月、選挙の結果、61歳の山本一太（いちた）・新群馬県知事が誕生する。昭和33（１９５８）年群馬県吾妻群草津町生まれの新知事は小寺弘之・元知事よりも18

歳、大澤正明・前知事よりも12歳下になる。中央大学法学部卒業後、米国ジョージタウン大学大学院にて修士課程修了。37歳で衆議院議員初当選。内閣府特命担当大臣などを経ての知事当選だった。山本は令和5（2023）年7月に再選を果たす。

富岡市長は、富岡製糸場世界遺産登録の2カ月前に岩井賢太郎が返り咲いていたが、4年後の平成30（2018）年4月の市長選で49歳の榎本義法（えのもとよしのり）が新市長に就く。昭和44（1969）年富岡市生まれの新市長は今井清二郎・元市長より29歳、岩井賢太郎・前市長よりも28歳下だ。東京経済大学経営学部卒業後、法政大学大学院政治学修士修了。銀行員、幼稚園園長、学校法人理事長などを経ての市長当選だった。榎本もまた令和4（2022）年に再選を果たす。

群馬県知事・富岡市長による二人三脚は、「小寺弘之・今井清二郎」から「大澤正明・岩井賢太郎」へ、さらに「大澤正明・岡野光利」「大澤正明・岩井賢太郎」を経て、「山本一太・榎本義法」となった。

＊

私は30年という壮大な保存整備と活用工事の、その第一段階となる工事のひとつを終えた富岡製糸場を訪ねた。そして見事な変貌を遂げた西置繭所の内部空間に、ただただ驚かされた。

その姿は、世界遺産だからこそまったく変わらない部分と、世界遺産になったことで大きく変化した部分に、鉄とガラスを境界として明快に分かれていた。

世界遺産と国宝という、ふたつの勲章を手に入れたことで、目に見える部分についてはいっさい手を加えることができないと、私は勝手に思い込んでいた。その制約の中で、耐震補強をはじめとした保存整備の工事などできるのだろうか。整備活用の工事となればさらに難易度が高まる。見学だけではなく広く活かすためには空調設備はもちろん、エレベーターも必要になるだろう。もはや不可能ではないかと、ひとり危惧していたのだ。

たしかに設計に50日、施工に1年4カ月という超短期間にて実現させた、西洋建築と日本の伝統建築が入り交じった明治の混合構造は、解体すれば多くを失ってしまうほど危ういものだった。そして、保存と整備修繕の工事を進める関係者にさらに重くのしかかったのが、史跡としての指定だった。史跡指定されているために免震のための地盤改変が許されず、建築そのものだけでの耐震補強が求められたのだ。まさか世界遺産を目指すために取得した指定が、世界遺産を末永く存続させるための補強や修理保存、整備活用を進める上で重い足かせになるとは、指定時に喜びを分かち合った関係者は思いもしなかっただろう。

さらに元は倉庫であるために、観光施設として活かすのに必要となる断熱性も機密性もないに等しい建物であったことから、多くの見学者を迎えるにあたって、空調設備など大掛かりな工事の必要に迫られた。

「保存」というひと言さえも、関係者に重くのしかかった。明治期のオリジナルへの復元ではなく、一世紀以上に及ぶたびたびの工場再編の中で建物に刻まれた経験の履歴を、軀体や開口部の多重的な痕跡から台車の痕跡やメモ書きなどに至るまで、すべて尊重する方向性が選ばれたのだ。補強のために施工する鉄骨においても、木の柱に生じているほんのわずかなねじれや傾きを重んじた。そのねじれや傾きに合わせて細心の微調整が施されたのだ。6万枚近い屋根瓦も、1枚1枚すべて音を確認することで再利用するかどうかを判断した。

保存し、その建築を外から眺めるだけでなく、施設として新たな活用法を与えることで再活用する。そのために関係者が悩む姿が、熟慮の末に、これしかないと出した結論について納得する顔が、私には見える気がした。

検討を重ねた結果、生まれた空間の美しさはどうだろう。

ひと言で表現すれば、「ハウス・イン・ハウス」となる。明治の勇壮な建築の中に、令和ならではの繊細なガラスと鉄の建築をはめ込んだのだ。

木骨煉瓦造建物の内部に、鉄とガラスの箱を挿入。そうすることで、明治から大正、昭和、そして平成にかけてこの建築が内包する物語を、令和に付加されたガラスと鉄をはじめとする無数の素材越しに観賞できる。時空を超えた新たな空間が実現されたのだ。

単に観賞するだけではない。軽快な鉄骨フレームで耐震補強するとともに、ガラスの箱を内装に挿入することで、展示スペースと多目的ホールが明治の倉庫内部に新たに創り出されていた。

しかもそこには明治の既存建築と入場見学者、その両者に対する優しい配慮が実現していた。

空調をガラスで遮断することで既存建築への負荷を軽減し、漆喰などが剝げ落ちた場合もガラスによって入場見学者の保護が図られているのだ。

驚いたのは、入場見学者のための新たな動線も確保されていたことだ。明治期においては開口部として使われており、その後にふさがれていた床面の木部材を取り外し、再び開口することで、そこにエレベーターと階段を新設した。

既存建築への敬意をしみじみと感じさせる柔軟な発想、それを実現させた巧みな設計力と施工力に、私は深い感銘を受けた。


まさしくその設計力と施工力が高く評価され、関係者には新たな賞が次々と授与された。

令和3（2021）年2月に、「文化遺産の保存活用理念、保存活用活動、保存活用プロジェクトの前進に貢献し優れた業績をあげた」として日本イコモス賞2020受賞。

5月には、照明学会より「光を素材とした、優れたデザイン的内容を持ち、創意工夫に満ちた作品」として齋賀英二郎・公益財団法人文化財建造物保存技術協会事業部保存管理計画担当技術主任と飯塚千恵里・飯塚千恵里照明設計事務所代表が、2021年照明デザイン賞・優秀賞受賞。

11月には、日本商環境デザイン協会より、日本空間デザイン賞2021金賞が贈られた。

そして、令和4（2022）年4月。建築界でもっとも権威ある、明治19（1886）年創立の日本建築学会からは、ふたつの賞が授与される。ひとつの建造物にふたつの賞が同時に授与されるのは異例なことだった。

まず、日本建築学会賞（業績）。受賞の理由は明快だ。

西置繭所を、我が国に唯一完全な形で残る明治初期の木骨煉瓦造の遺構と評価する。その上で、文化財の保存と活用と耐震補強の三つの要素が緊密に連携していることを挙げる。繊細な文化財の価値を損ねることなく、新たな活用方法を付加しつつ、構造材などを露出するような積極的な耐震補強を実現していることを高く評価したのだ。

そして、ともすれば建設当時の明治の姿のままに残すことだけを優先させるような、いうなれば硬直的な保存ではないことも、また受賞の大きな理由だった。ここには今後の活用を視野に入れた創意工夫があり、文化財保存・活用の先導的事例となるような価値のある業績と判断したのだ。

この「先導的な事例」という言葉に、私はことさら重みを感じてしまう。建築界の関係者が見習うべき事例として日本建築学会が認めたのだ。

これは富岡市をはじめ、保存管理、整備活用、耐震補強の関係者が密に連携することにより実現できた業績であり、このように膨大で繊細かつ緻密な作業を丹念に実施した工事関係者にも敬意を表したいと明記された。

日本建築学会賞（業績）はこうした理由から、富岡市、富岡製糸場保存修理委員会、富岡製糸場整備活用計画実行委員会、公益財団法人文化財建造物保存技術協会、有限会社江尻建築構造設計事務所、株式会社森村設計、株式会社竹中工務店・タルヤ建設株式会社・共同企業体に贈られた。

さらにもうひとつの受賞は日本建築学会賞（作品）。こちらは建築家が皆、受賞を目指す栄誉ある賞だ。

類例のないさまざまな厳しい制約を、新たな魅力的な空間の創出に見事に活かしたことが高く評価された。斎藤英俊・京都女子大学名誉教授、木村勉・長岡造形大学名誉教授、齋賀英二郎・公益財団法人文化財建造物保存技術協会事業部保存管理計画担当技術主任に贈られた。

しかし工期約30年を想定した壮大な「富岡製糸場整備活用計画」は、その第一段階となる短期工事のうち、西置繭所の活用計画工事が竣工しただけだった。保存整備は遅れ、さらにこのあと令和12（2030）年頃の竣工を目指す中期工事、令和27（2045）年頃の竣工を目指す長期工事が控えている。

1万6755坪の敷地面積に、国宝3棟をはじめ、国重要文化財など建造物や工作物が約120棟並び、それらが日々老朽化している。

国宝となった繰糸所の耐震補強も待ったなしの状態のまま、着手できない状況が続いていた。深い感動を覚えた西置繭所の見学を終え、その外観の前に、私はただ立ち尽くしていた。

世界が「世界遺産」に選び、国が「国宝」に選び、日本建築学会が「日本建築学会賞」受賞作として選んだ。さまざまな視点から、いくつもの栄誉を得ることは喜ばしいことだ。けれども大事なことは、ニュースが流れることによって、対象となった建築への関心がさらに高まり、広がることではないかと私は思う。

世界が、国が、学会が、高く評価した建築とはどのようなものなのだろう。

興味を持ってくれる人が新たに生まれ、その歴史を知ろうとする人が増え、かかわった先人たちへの敬愛が芽吹く。その契機となってこそ、登録も受賞も価値を持つのではないだろうか。

保全改修について受賞を重ねられるだけの設計と工事が実現し、これと同様の創意工夫が、設計力が、施工力が、まだ今後、20年以上にわたって求められるのだ。

ここにはどんな未来が待ち受けているのだろう。

私は自分なりの未来の情景を頭に描きながら、それを実現するための数多くの課題を想像した。

*

世界遺産登録時点においては富岡市富岡製糸場課係長だった森田昭芳（もりたあきよし）が、8年後の令和4（2022）年10月には世界遺産観光部長として決意を述べた。

「より良い状態で次世代へつなげたい」

翌令和5（2023）年9月28日。

群馬県知事の山本一太は群馬県議会の一般質問で、世界遺産・富岡製糸場について語った。

「今後の展望ですが、世界遺産が持つポテンシャルを最大限に活かすためには、保存整備と活用の方向性を、抜本的に見直す必要があると考えています」

〝抜本的に〟という言葉に力を込めた発言だった。その上で、構成資産がある富岡、藤岡、伊勢佐木、下仁田の四市町長と協議の場を設ける考えを示したのだ。

富岡市長の榎本義法は山本の発言を受け、10月3日定例記者会見で、保存整備工事が遅れているのは財源不足によるものと発言。

「入場料収入が厳しく、国の予算がなかなか付かない中、抜本的に見直すということは、国の財源や県の独自財源を確保してくれるのか」

指摘した上で述べた。

「どこまで知事が覚悟をもってやっていただけるのか」

令和5（2023）年12月26日。

およそ半年後に登録10周年を迎える世界遺産「富岡製糸場と絹産業遺産群」について、「世界遺産トップ会議」と名づけられた会合が群馬県庁で開かれた。出席したのは群馬県知事・山本一太と、構成資産のある4つの市町の首長、富岡市長・榎本義法、伊勢崎市長・臂泰雄（ひじやすお）、藤岡市長・新井雅博（あらいまさひろ）、下仁田町長・原秀男（はらひでお）の計5人。

平成26（2014）年6月の登録後、こうした五者会談が持たれるのは初めてのことだ。これまでは集まる必要など誰も感じていなかった。それほど、なにもかもが順調だったのだ。だがコロナ禍を経て、そうはいかなくなった。入場者の激減、保存整備工事の遅れなど、富岡製糸場の苦しい状況は、所有する富岡市だけでなく、ほかの資産を抱える市町も含め、群馬県としての大きな課題となっていた。

まずは深刻な現況を共有した上で、今後の活性化に向けて国に対する財政支援拡充の要望や、10周年記念事業の内容などを協力して進める方針を確認した。


こうした新聞記事やネットニュースを通じて「富岡製糸場」の文字を目にするたびに私は、そこに受け継がれてきた襷を思い浮かべながら望んでしまう。

明治以来連綿と受け継がれてきたものを、今の時代においても、ひとりでも多くの人が胸に持っていてほしい、と。

それは「所長」や「社長」、「知事」や「市長」「町長」といった肩書きではない。そうした地位に就いた人に即座にわたるものでも、肩書きを継いだ人だけが受け取れるものでもない。誰もが持てるものなのだ。

富岡製糸場の史実を知れば、日本の絹産業が世界から賞賛されるように、模範となる製糸場の建設に、経営に、日々の労働に、そして維持に、力を尽くした人たちへの畏敬がごく自然に生まれるだろう。日本の絹産業を支え続けた工場建築への敬愛が、心の底に芽吹くはずだ。

明治、大正、昭和初期までのように、この建築の存在が世界に知られ、高い評価を受ける。そのために知恵を絞りながら修繕を施し、再活用の道を探り続ける。自分もその当事者のひとりであるという〝誇り〟こそが、150年以上にわたり受け継がれてきた〝絹の襷〟なのだ。

誇りを受け継ぐ人たちの尽力は続く。

この由緒ある工場を、永遠に存置せしむるために。

エピローグ　片倉に縁がある者です

その日は久しぶりに役所で所用ができた。

津金澤正洋は最寄り駅のひとつ手前、西富岡駅で降り、以前の通勤経路そのままに歩いていた。龍光寺の緑香る空気と広い空が好きで、在職時代は境内を通り抜けるのが習慣だった。

富岡市役所を勇退したのは忘れもしない、柳澤晴夫会長が取締役相談役となった、その3日後のことだった。

部下たちに見送られながら、淮南子（えなんじ）の一節が思い浮かび胸を熱くした。

塞翁が馬――。

たびたび叱責を受けたことで、信頼関係を築くことができた。まさに禍福は変転するものなのだ。

役所へと向かう途中、住職の神宮正道と顔を合わせた。役所に通っていた頃は、年齢が近いこともあって、住職とはよく立ち話をした。

久しぶりの再会を喜び、なんのことはない近況を語り合ううちに、住職が、そういえば、と話し始めた。

「あの方、最近はお見かけしませんねぇ」

以前から気になっていた人がいるというのだ。

「毎年春と秋のお彼岸、それにお盆と、年に3回、墓地のあの一角をお参りしてくださって、手を合わせられて」

墓地のあの一角。そう聞いただけで津金澤の頭には浮かぶ場所があった。

山門を通り抜けて少し歩いた先に、その一角がある。大きさも形もまちまちの墓石が、キュッと身を寄せあうようにして並ぶ。全国から富岡製糸場へ工女として赴いたものの、若くして病に倒れ、この地で亡くなった52人の工女たちの眠る墓が集められていた。不幸にして病死した者の葬儀は工場が執り行い、この寺の墓地へと埋葬、遺髪は故郷に送られた。官営時代のこの風習は、富岡製糸場が三井家に払い下げられたのちも引き継がれた。

彼女たちが集まるその一角には、立て札があるわけではない。まさに知る人ぞ知る一角だった。その場所に毎年、年に3度も、運転手付きの黒塗りの車でひとり訪れ、お参りする人がいたというのだ。

もしかしたら亡くなった工女に直接縁のある人なのではと住職は気になり、声をかけたことがある。話をするうちに、その人は重い口を開き、片倉に縁がある者です、とだけ短く答え、最後まで名乗らなかった。以来住職はその姿を見かけるたびに短く挨拶は交わすが、それ以上は何も訊ねずにいたという。

住職の話を聞くうちに、津金澤の頭に閃くものがあった。見るからにそれなりの地位にありそうな人なのに、いつも秘書など連れずにひとりで訪れ、最後まで名乗らずに立ち去るというのがいかにもあの人らしい。

おそらく……。

頭に浮かんだ名前を喉もとに留めたまま、その人の風貌について住職に訊ねた。

「年はそうですねぇ、自分より十いくつか上に見えましたかねぇ」

背丈は？

「小柄でしたけど、背筋はぴんと伸びていて」

服装は？

「いつも背広でしたよ。髪は銀色で、声は高めでしたけど、どことなく古武士のような風格を備えた紳士でしたねぇ」

おぼろげに浮かんだその人の顔が、〝古武士〟という言葉で鮮明になった。おそらくという想像は、間違いないという確信に変わっていた。

背丈は160センチ余りだが、風貌も性格も一本筋が通り、憂国の士という印象を抱いていたあの人、柳澤晴夫に間違いない、と。

感慨が胸に広がった。

おそらく自分が知り合う前から続けていた習慣なのだろう。社長時代も会長時代も、そして相談役になってからも、それこそ富岡市との間に、良好とはいえない関係が長く横たわっていた時期も、欠かすことなく年に3回も富岡に足を運び、墓前に手を合わせていたのだ。

墓地に眠る52人の工女たちは、片倉工業の元社員ではない。片倉工業が富岡製糸場を手に入れる前、明治政府が所有していた時代の工女であり、そのあとの三井時代の工女たちだった。

柳澤晴夫は先人への敬意が大切であるとよく語っていた。信義にもとるようなことをしてはいけないと。昔があるから今があるのだと。

柳澤がいう先人とは、尾高惇忠であり速水堅曹であり、初代片倉兼太郎に始まる代々の片倉工業の経営者を指しているものだとばかり思っていた。

何度も叱責を受け、個人的なことまで話してくださる間柄となり、津金澤は柳澤晴夫という人物を充分に理解したつもりになっていた。

だが、それは思い上がりだった。柳澤が敬意を払う先人とは、肩書きなどで区分けされるものではなかったのだ。富岡製糸場に関係し、働いた、すべての人たちに向けられていたのだ。

片倉に縁がある者です。その言葉にすべてが集約されている気がした。

おそらくきっと――。

あの時期も柳澤晴夫は、境内の一角に足を運んでいたのだろう。操業を休止した富岡製糸場に対してマスコミが、批判も含めて再活用の方法をあれこれ書き連ねていた時期があった。所有者である片倉工業の意向にも、その経営状況にも、そこで働く人の心情にも、明治の初期以降、その工場を創立し、維持を続けてきた敬うべき先人たちにも触れず、各人が思いつくままに、こう活用してはどうだろう、こうすべきではないかと意見を述べていた。

新聞紙上でそうした記事を読むたびに、工場の持ち主の気持ちを考えずにはいられなかった。

きっとその期間も、栁澤晴夫はそうした口さがない声が聞こえてくるこの富岡の街に足を運び、年に三度のお参りは欠かさなかったのだ。

津金澤は、墓前でじっと手を合わせるその姿がはっきりと眼に浮かんだ途端、たまらず口もとに手をやった。

＊

住職から懐かしさが胸に込み上がる話を聞いた、半年後のことだ。

一本の電話が津金澤の自宅に入る。

手に持つ受話器を、妻が珍しく顔を強張らせて差し出した。

耳に当てると相手は硬い声で、社名と名前を名乗った上で、突然のお電話どうかお許しください、と話し始めた。

「実はぜひお願いしたいことがございまして、市役所でご連絡先をうかがい、直接お電話させていただきました」

はい、どのようなご用件でしょうか……。

うかがううちに、全身が少しずつ深い穴の中へと沈んでいくような気分になっていた。

2月13日の午後0時30分から長野県の金昌寺という寺で執り行われる、元社員の告別式にぜひ参列をお願いしたいという申し入れだった。

津金澤は、自分はそのような立場の人間ではございませんので、と即座に辞退した。

「どうかぜひともよろしくお願いいたします。これは社としてのお願いだけでなく、故人のたっての希望でもありますので」

故人の――。

聴いた途端、目の奥が熱くなった。

慎んでお受けします、と答え受話器を置いた。

急いで朝刊を読み直す。

一部上場企業の元社長という言では、語り尽くせる人ではない。身を切られるような心情で、思い入れの深い工場をひとつ、またひとつ閉鎖の決断を繰り返した人だった。多角化という方針を徹底して貫くことで社の危機を救った人だった。それでも富岡製糸場は残し続けた人だった。

会社にとってはまさに中興の祖というべき人だろう。日本国民にとっては、富岡製糸場という明治以来の宝のような建造物を護り、維持し続けた人なのだ。

それにしては紙面の隅にあるその記事は、あまりにも小さかった。

いや……。津金澤は思い直した。

この記事の奥ゆかしさこそ、いかにも柳澤晴夫らしい。

もしかしたらこれもまた、故人のたっての希望だったのではないだろうか。

平成15（2003）年2月8日。

肺炎のため、柳澤晴夫氏死去。79歳。

それは、研究者・清水慶一が新聞紙上で富岡製糸場は世界遺産となっても一向におかしくないと語ってから、4年後のことだった。

そして、群馬県知事・小寺弘之が記者発表したことで富岡製糸場の世界遺産登録という目標が全国に知れわたる、そのわずか5カ月前のことだった。

あとがき　美しい建築の永存を願って

新しい年に入ってから二カ月も経たないうちに、はや二軒。私がぜひ泊まりたくて何度も訪れた美しい建築の宿が、年内に閉鎖されるというのだ。そのうちの一軒はすでに取り壊しまで決まっている。

建築史に名を刻むほど高く評価されながら、建て替えが決まったようだという噂を耳にするのは宿泊施設だけではない。富岡製糸場の取材を始めてこの10年の間に、水族館、美術館、劇場、オフィスビル、市民会館、集合住宅、百貨店など、哀しいニュースを毎年のように聞かされた。そのたびに私は富岡製糸場が歩んできた道のりを思い浮かべずにはいられなかった。

オーナーである民間企業の社長が、工場として使わなくなってからも、15年以上もの長きにわたって所有し続けたのだ。使わない建築として、荒れ放題に放置していたのではない。花壇には季節ごとの花を咲かせ、傷みや汚れ、そして何より火災に気を配り、いつでも人を案内できるほど保全と整備の手を絶やさなかった。

工場が建つ市内には、社長と同様にその建築の価値を深く理解し、大切に思う市民が大勢いて、中でもひときわ強い愛着を抱く人が市長に選ばれる。市長は再活用の可能性を社長とともに探り続け、信頼を積み上げたことから、企業は、この市であれば建築の未来を託せると判断、市への無償譲渡が実現する。

さらに、この建築は日本国内にとどまらず、海外にも誇れるものだと、その奥底に眠る世界的な価値を見出した研究者からの提言を受け、県の知事と有識者たちが国に対して動く。国と県と市が一体となって各国に働きかけた結果、「世界遺産登録」を達成、さらに数カ月後には「国宝指定」という、建築の永存を約束するようなふたつの称号を続けざまにかち得たのだ。

取材を通じて、建築がたどった知られざる道筋が少しずつ目の前に開けてくるたびに、私は何度も同じことを思った。これは建築を愛する人たちだからこそ築けた物語だ、と。

けれどもこうして、明治から令和に至るまでの歩みを一冊の本に書きあげ、編集者から届いたゲラを読み返す間にも、閉鎖や解体の報道を目にすると、富岡だけの幸運にしてはいけないと思い直している。また別の美しい建築の取り壊しが決定される前に、富岡製糸場が歩んだ道をなぞれないものだろうかと願わずにはいられないからだ。

建築の所有者の中に、建築が建つ市区町村の住民の中にも、この美しい建築は永遠に残すべきだと考え、そのための道を探ろうと決意する人が現れてくれないだろうか。

この本を手に取ってくださったことで、もしも身近に解体の危機に瀕した美しい建築の歴史に関心を持ち、その将来に目を向けてくださる方がひとりでも増えてくれれば、著者として嬉しいかぎりである。

建築への強い愛着を持ち合わせていれば、一市民であってもできることはいくらでもある。価値ある建築の生き残りの道筋を私に示してくださったのは、富岡市の今井清二郎さんだ。また市区町村の行政機関の中においても同様に、建築への思い入れのある人の存在がいかに重要であるかを教えてくださったのが、津金澤正洋さんだった。

10年前に取材・執筆・撮影の声をかけてくださった、大塚製薬会報誌「大塚薬報」の当時の編集長・松山真理さん、担当編集者として細部にわたって事実確認をしてくださった佐津前玲さん、取材を支えてくださったエニイクリエイティブの高見澤秀幸さん。数々の資料をご提供くださった、三上雅生さん、上村紘子さん、高木美奈さんほか片倉工業企画部広報・ＩＲ室の方々。片倉工業富岡工場時代の様子を語ってくださった、田部井弘さんと加庭町子さん。

夜明け前からの撮影に何度もご協力くださった富岡市役所の森田昭芳さん。貴重な資料映像をご提供くださった群馬テレビの加藤拓也さん。上毛新聞社記者の時に資料提供くださった、富岡市議会議員の北島徹さん。清水慶一さんとの出会いと思い出を語ってくださった、群馬県立女子大学教授の松浦利隆さん。そして、私の著書をいつしか計18冊、美しい装丁に仕上げてくださるだけでなく、常にふたり目の編集者として助言をくださる装丁家の緒方修一さん。

26年前に、私の作家デビュー作『まだ見ぬホテルへ』を、著者が生涯名刺替わりとして持ち歩ける本として丁寧に編んでくださり、今回こうしてまた、この一冊に深い愛情を注ぐように緻密な編集をしてくださった慶應義塾大学出版会の増山修さん。

皆さまのお陰でこの本を送り出すことができました。
ありがとうございます。

富岡製糸場が今後どのような展開を見せてくれるのか、この建築の一ファンとして想像を膨らませながら、楽しみでならない。

胸が躍るような新たなお知らせが富岡から届くのを心待ちにしつつ、私は、また別の美しい建築について、建設と維持に情熱を傾けた人々の物語を掘り起こしていくつもりだ。

その建築が建つ土地で生活をする方々が、世界に向けて誇りたくなるような物語を。

2024年5月

稲葉 なおと

主な引用文献および参考文献（順不同）

藤本実也『富岡製糸所史』片倉製糸紡績、1943年
富岡製糸場誌編さん委員会／編『富岡製糸場誌』富岡市教育委員会、1977年
群馬県史編さん委員会／編『群馬県史　通史編7　近代現代1　政治・社会』群馬県、1991年
――『群馬県史　通史編8　近代現代2　産業・経済』群馬県、1989年
――『群馬県史　通史編9　近代現代3　教育・文化』群馬県、1990年
富岡市史編さん委員会／編『富岡市史　近世通史編・宗教編』富岡市、1991年
――『富岡市史　近代・現代通史編・宗教編』富岡市、1991年
群馬県教育委員会文化財保護課／編『群馬県近代化遺産総合調査報告書』群馬県教育委員会、1992年
文化財建造物保存技術協会／編『旧富岡製糸場建造物群調査報告書』富岡市教育委員会、2006年
――『重要文化財旧富岡製糸場鉄水溜・烟筒基部保存修理工事報告書』富岡市、2009年
――『国宝旧富岡製糸場西置繭所保存修理工事報告書　建造物編』富岡市、2020年
片倉製絲紡績株式会社考査課／編『片倉製絲紡績株式会社二十年誌』片倉製絲紡績株式会社考査課、1941年
片倉工業株式会社調査課／編『片倉工業株式会社三十年誌』片倉工業株式会社調査課、1951年
片倉工業株式会社全社運動「ニューカタクラチャレンジ70」総括推進本部事務局／編『ニューカタクラの創造：株式会社設立70周年記念写真帳』片倉工業、1991年
嶋崎昭典『初代片倉兼太郎』初代片倉兼太郎翁銅像を復元する会、2003年
吉田敬子／撮影『富岡製糸場　写真集』片倉工業、2007年
塚原蓼洲『藍香翁』高橋波太郎、1909年
――／原著、吉岡重三／現代文訳『新藍香翁』青淵澁沢栄一記念事業協賛会　1979年
荻野勝正『尾高惇忠　富岡製糸場の初代場長』さきたま出版会、2015年
和田英『富岡日記　富岡入場略記・六工社創立記』東京法令出版、1965年

速水堅曹／原著『生糸改良にかけた生涯　官営富岡製糸所長速水堅曹』飯田橋パピルス、2014年
速水美智子／編『速水堅曹資料集　富岡製糸所長とその前後記』文生書院、2014年
――――『速水堅曹と前橋製糸所　その「卓犖不羈」の生き方』上毛新聞社事業局出版部、2016年
石井寛治、速水美智子、内海孝、手島仁『日本製糸業の先覚速水堅曹を語る』上毛新聞社事業局出版部、2015年
今井幹夫『富岡製糸場の歴史と文化』みやま文庫、2006年
――――『富岡製糸場と絹産業遺産群』ベストセラーズ、2014年
――――『富岡製糸場の研究　前編』群馬県文化事業振興会、2022年
――――『富岡製糸場の研究　後編』群馬県文化事業振興会、2022年
赤煉瓦物語をつくる会／編『赤煉瓦物語』あさを社、1986年
今井清二郎『赤れんがものがたり』敬文舎、2016年
津金澤正洋『甘樂用水の諸相』私家版、2008年
――――『あの日・あのとき』私家版、2018年
――――『わたしのセイシバ物語』私家版、2018年
高崎経済大学附属産業研究所／編『群馬・産業遺産の諸相』日本経済評論社、2009年
高崎経済大学地域科学研究所／編『富岡製糸場と群馬の蚕糸業』日本経済評論社、2016年
富岡製糸場世界遺産伝道師協会／編『富岡製糸場事典』上毛新聞社、2011年
――――『富岡製糸場世界遺産伝道師協会15周年記念活動史』富岡製糸場世界遺産伝道師協会、2020年
村松貞次郎『日本近代建築の歴史』日本放送出版協会、1977年
――――『日本の近代化とお雇い外国人』日立製作所、1995年
清水慶一／編　松浦利隆、村田敬一、清水譲／撮影『颯爽たる上州　群馬の近代化遺産』煥乎堂、1995年
――――／文　増田彰久／撮影『ニッポン近代化遺産の旅』朝日新聞社、2002年
――――／文　清水譲／撮影『近代化遺産探訪　知られざる明治・大正・昭和』エクスナレッジ、2007年
松浦利隆『近代化遺産から世界遺産へ』上毛新聞社、2019年
河野俊行、松浦利隆『TOMIOKA 世界遺産会議 BOOKLET　破壊される世界遺産―現状と課題』上毛新聞社事業局出版部、

2019年
上毛新聞社／編『絹の物語つむいで　シルクカントリー群馬キャンペーンの軌跡』上毛新聞社、2014年
上毛新聞社事業局出版部『絹の国拓く　世界遺産「富岡製糸場と絹産業遺産群」』上毛新聞社、2014年
松浦晃一郎『世界遺産　ユネスコ事務局長は訴える』講談社、2008年
鈴木正崇／編『アジアの文化遺産　過去・現在・未来』慶應義塾大学出版会、2015年
伊東孝『「近代化遺産」の誕生と展開　新しい文化財保護のために』岩波書店、2021年
富岡市／編『富岡製糸場総合研究センター報告書 平成24年度』富岡市、2013年
――『富岡製糸場総合研究センター報告書 平成26年度』富岡市、2015年
山本七平『近代の創造　渋沢栄一の思想と行動』PHP研究所、1987年
宮本常一『女の民俗誌』岩波書店、2001年
『月刊文化財685号』第一法規、2020年11月
『月刊文化財616号』第一法規、2015年1月
『月刊文化財580号』第一法規、2011年1月
『月刊文化財529号』第一法規、2007年10月
小門裕幸『市民による都市再生の物語　米国テネシー州チャタヌーガ市』法政大学キャリアデザイン学部紀要2004年第1号
――『米国地域市民の企業家精神とリージョナル・ガバナンス　大学・民間企業・コミュニティを核とする地域再生の3つの事例』法政大学キャリアデザイン学部紀要、2006年第3号
上毛新聞、日本経済新聞、朝日新聞、読売新聞、毎日新聞、産経新聞
Webブログ「markdadao の日記」(https://markdadao.hatenablog.com/)
同「岩井けんたろうのブログ」(https://ameblo.jp/iwai-kentarou/)

富岡製糸場および富岡市関連	世相・群馬県および世界遺産関連
	楫取素彦生誕
尾高惇忠生誕	
速水堅曹生誕	
渋沢栄一生誕	
伊藤博文生誕 尾高惇忠・水戸藩の演習見学、尊王攘夷に感化される	
	アメリカ東インド艦隊司令長官ペリー艦隊浦賀沖に来航
	日米和親条約
	安政改元
渋沢栄一・尾高惇忠の妹と結婚	日米通称修好条約
	臨海丸・品川を出港渡米
	桜田門外の変
	万延改元
尾高惇忠と渋沢栄一らは高崎城乗っ取り、横浜焼き討ちを企てるが、計画を中止	
渋沢栄一・徳川昭武に従いフランスへ（パリ万博使節団）	
尾高惇忠・「彰義隊」結成に参加	
尾高惇忠ら・「振武」軍結成	
	明治改元
渋沢栄一・フランスより帰国	
	前橋藩が横浜に藩営生糸直売所を開設

富岡製糸場 関連年表

区分	和暦	西暦	月日	片倉工業関連
創業前	文政 6	1823	1 月 7 日	片倉市助生誕
	文政 12	1829	3 月 15 日	
	文政 13	1830	7 月 27 日	
	天保 10	1839	6 月 13 日	
	天保 11	1840	2 月 13 日	
	天保 12	1841	9 月 2 日	
	嘉永 2	1849	11 月 29 日	初代片倉兼太郎生誕
	嘉永 6	1853	6 月 3 日	
	嘉永 7・安政元	1854	3 月 3 日	
			11 月 27 日	
	安政 5	1858	6 月 19 日	
	安政 6	1859	11 月 15 日	今井五介（第 2 代社長）生誕
	安政 7・万延元	1860	1 月 13 日	
			3 月 3 日	
			3 月 18 日	
	文久 2	1862	10 月	
			12 月 24 日	2 代目片倉兼太郎（宗広、佐一初代社長）生誕
	慶応 3	1867	1 月 11 日	
	慶応 4・明治元	1868	2 月 23 日	
			4 月 19 日	
			9 月 8 日	
			11 月 3 日	
	明治 2	1869	3 月 30 日	

富岡製糸場および富岡市関連	世相・群馬県および世界遺産関連
渋沢栄一・富岡製糸場設置事務主任に就く	
渋沢栄一と伊藤博文が基本構想「官営製糸工場設立の議」起案	
速水堅曹・12人繰り前橋藩営器械製糸所を細カ沢（現・群馬県前橋市）に創立	
明治政府がポール・ブリューナを正式雇用	
富岡に製糸場建設決定に伴い尾高惇忠が富岡に向かう	
速水堅曹が尾高惇忠とポール・ブリューナに富岡で面談。「尾高は話が巧みだ」	
富岡製糸場設計図面完成	
富岡製糸場・主な建造物建設工事着工	
富岡製糸場・主な建造物完成、尾高惇忠の娘が工女第1号として入場	
富岡製糸場操業開始	
昭憲皇后陛下・英照皇太后陛下・富岡製糸場行啓	
ウィーン万国博覧会でトミオカ・シルクに進歩賞碑授与	
	楫取素彦・熊谷県権令就任
速水堅曹が富岡製糸場経営調査	
	楫取素彦・初代群馬県令就任
富岡製糸場を富岡製糸所と改称	
尾高惇忠・富岡製糸所所長退任	
	西南戦争（〜9月24日）
速水堅曹が富岡製糸所経営調査	
絹の都リヨンに輸出のトミオカ・シルクの質の低下がパリに赴いた副総裁・松方正義を通じ明治政府の耳に入る	
速水堅曹・富岡製糸所改良について政府より全権委任	

富岡製糸場 関連年表

区分	和暦	西暦	月日	片倉工業関連
創業前	明治 3	1870		
			2 月	
			6 月	
			10 月 7 日	
			10 月 13 日	
			10 月 19 日	
			12 月 26 日	
	明治 4	1871	3 月	
	明治 5	1872	7 月	
官営期			10 月 4 日	
	明治 6	1873		片倉市助、10 人繰りの座繰製糸を開始
			6 月 24 日	
			8 月 18 日	
	明治 7	1874	7 月 19 日	
	明治 8	1875		
	明治 9	1876		初代片倉兼太郎・家督を相続
			8 月 21 日	
			10 月	
			11 月	
	明治 10	1877	1 月 29 日	
			8 月 24 日	
	明治 11	1878	2 月	
			6 月	初代片倉兼太郎が川岸村に洋式器械製糸工場垣外製糸場を開設
	明治 12	1879	2 月 10 日	

富岡製糸場および富岡市関連	世相・群馬県および世界遺産関連
速水堅曹・富岡製糸所第3代所長就任	
明治政府・富岡製糸所払い下げの方針を決定	
速水堅曹・富岡製糸所長辞任	
楫取素彦が農商務卿西郷従道（西郷隆盛の弟）に「富岡製糸場御処分之儀ニ付意見上陳書」提出	
	楫取素彦・元老院議官就任（8月まで県令兼務）
速水堅曹・富岡製糸所第5代所長就任	
富岡製糸所競争入札、予定額に達せず	
富岡製糸所競争入札・三井家に払い下げ	
速水堅曹・富岡製糸所長非職	
上野鉄道株式会社設立	
上野鉄道・高崎～福島間営業開始	
上野鉄道・福島～南蛇井間営業開始　富岡駅（現・上州富岡駅）開業	
上野鉄道・南蛇井～下仁田間営業開始　全線開通式挙行	
尾高惇忠死去　70歳	
大正天皇陛下（皇太子時）・富岡製糸場行幸	
富岡製糸場・原合名社に譲渡	
	日露戦争
	ポーツマス条約締結（日露戦争終戦）
伊藤博文死去　68歳	
	楫取素彦死去　83歳
速水堅曹死去　73歳	
	ドイツ帝国へ宣戦布告（第一次世界大戦参戦）
	ドイツ帝国へ宣戦布告（第一次世界大戦参戦）

富岡製糸場 関連年表

区分	和暦	西暦	月日	片倉工業関連
官営期	明治12	1879	4月7日	
	明治13	1880	11月5日	
			11月24日	
	明治14	1881	11月16日	
	明治17	1884	3月30日	
			9月20日	3代目片倉兼太郎（脩一　第3代社長）生誕
	明治18	1885	2月13日	
	明治23	1890	12月24日	片倉市助死去　67歳
	明治24	1891	6月15日	
三井期	明治26	1893	9月10日	
			10月2日	
	明治28	1895		片倉組設立　東京・京橋に支店開設
			12月27日	
	明治30	1897	5月10日	
			7月7日	
			9月25日	
	明治34	1901	1月2日	
	明治35	1902	6月2日	
原合名期			9月13日	
	明治37	1904	2月8日	
	明治38	1905	9月5日	
	明治42	1909	10月26日	
	大正元	1912	8月14日	
	大正2	1913	1月17日	
	大正3	1914	8月23日	
	大正6	1917	2月13日	初代片倉兼太郎死去　67歳
	大正7	1918	11月11日	
	大正9	1920	3月23日	片倉製糸紡績株式会社設立　2代目片倉兼太郎・初代社長就任　本社を東京・京橋に移す

富岡製糸場および富岡市関連	世相・群馬県および世界遺産関連
上野鉄道・上信電気鉄道株式会社に商号変更	
	関東大震災
渋沢栄一死去　91歳	
	第二次世界大戦開戦
	小寺弘之生誕
今井清二郎生誕	
片倉製糸紡績株式会社富岡工場と改称	
	第二次世界大戦終戦
	浅間山大噴火

富岡製糸場 関連年表

区分	和暦	西暦	月日	片倉工業関連
原合名期	大正 10	1921	8 月 25 日	
	大正 12	1923	9 月 1 日	
			9 月 6 日	柳澤晴夫生誕
	大正 13	1924	1 月	ニューヨーク出張所を開設
	昭和 3	1928	10 月	片倉館竣工
	昭和 6	1931	11 月 11 日	
	昭和 8	1933	7 月 18 日	今井五介・第 2 代社長就任
	昭和 9	1934	1 月 8 日	2 代目片倉兼太郎（初代社長）死去　70 歳
			3 月 1 日	片倉脩一が 3 代目片倉兼太郎襲名
第1片倉期	昭和 13	1938	7 月 12 日	株式会社富岡製糸所として片倉製糸紡績株式会社に経営委任
	昭和 14	1939	9 月 1 日	
			9 月 30 日	片倉製糸紡績株式会社が株式会社富岡製糸所を合併 片倉製糸紡績株式会社富岡製糸所に改称
	昭和 15	1940	10 月 3 日	
			12 月 28 日	
	昭和 16	1941	4 月 30 日	3 代目片倉兼太郎・第 3 代社長就任
	昭和 17	1942	6 月 13 日	各製糸所名は地方名を入れて○○工場と呼称
			8 月 20 日	
戦時期	昭和 18	1943	4 月 26 日	日本蚕糸製造株式会社設立、3 代目片倉兼太郎・社長就任
			10 月 20 日	全国各工場を日本蚕糸製造株式会社に賃貸
			11 月 1 日	片倉工業株式会社に社名改称
第2片倉期	昭和 20	1945	8 月 15 日	
	昭和 21	1946	3 月 25 日	昭和天皇陛下・富岡製糸場行幸
			7 月 9 日	今井五介（第 2 代社長）死去　86 歳
	昭和 22	1947	1 月 15 日	3 代目片倉兼太郎（第 3 代社長）死去　62 歳
	昭和 23	1948	4 月 1 日	柳澤晴夫・片倉工業入社
			6 月 6 日	貞明皇太后陛下・富岡製糸場行啓
	昭和 34	1959	4 月 14 日	

富岡製糸場および富岡市関連	世相・群馬県および世界遺産関連
富岡製糸場内鏑川沿い敷地が崩落	
「富岡製糸場誌」刊行	
	最初の世界遺産12件が登録
	小寺弘之・群馬県副知事就任（以後3期務める）
	上越新幹線・大宮－高崎－新潟間開通
今井清二郎「西毛文化都市構想への道」シンポジウムで「富岡をれんがのまちに」ほか4つの提言を発表	
	上野村御巣鷹山で日航機遭難事故
「赤煉瓦物語」刊行	
今井清二郎・写真展示「おかいこの一生」企画	
今井清二郎ほか・写真展「おかいこの一生」市内ギャラリーにて開催（～12月5日）	

富岡製糸場 関連年表

区分	和暦	西暦	月日	片倉工業関連
第2片倉期	昭和41	1966	2月2日	柳澤晴夫・経理部長就任
	昭和42	1967	8月10日	皇太子殿下（浩宮徳仁親王時）・富岡製糸場行啓
	昭和43	1968	2月28日	柳澤晴夫・取締役経理部長就任
	昭和44	1969	2月27日	柳澤晴夫・常務取締役就任
			7月31日	天皇、皇后両陛下（皇太子時）・富岡製糸場行幸啓
	昭和46	1971		
	昭和47	1972	10月10日	日本近代産業発祥百年祭（東繭置場北側使用）
	昭和49	1974	2月28日	柳澤晴夫・専務取締役就任
	昭和52	1977	1月	
	昭和53	1978	9月	
	昭和56	1981	3月30日	柳澤晴夫・代表取締役副社長就任
	昭和57	1982	10月	
			11月15日	
	昭和58	1983	3月30日	柳澤晴夫・代表取締役社長（第11代）就任
			4月	大宮カタクラパーク開業
	昭和59	1984	5月	
	昭和60	1985	8月12日	
	昭和61	1986	4月26日	
第3片倉期	昭和62	1987	3月5日	片倉工業（株）富岡工場操業休止「閉所式」
			10月末	鹿児島工場操業休止
	昭和63	1988	2月末	東北工場操業休止
			12月3日	
	昭和64・平成元	1989	1月1日	ニューカタクラ チャレンジ70始動（～1990/12/31）
			11月30日	
	平成2	1990	2月	今井清二郎ほか・片倉工業富岡工場内に「片倉ギャラリー」新設。「おかいこの一生」写真展示

富岡製糸場および富岡市関連	世相・群馬県および世界遺産関連
	群馬県近代化遺産総合調査・第1回調査委員会開催
	清水一郎・群馬県知事死去
	上越新幹線：東京駅乗り入れ
	群馬県知事選告示
	小寺弘之・群馬県知事当選（以降4期当選）
今井清二郎・富岡市長選出馬表明	
富岡市長選挙告示・立候補届け出	
今井清二郎・36票差で富岡市長選落選	
「富岡市史　近代・現代通史編・宗教編」刊行	
	「群馬県近代化遺産総合調査報告書」刊行
	「シルク・スクエア建設構想」公表
	群馬県養蚕振興整備拡充委員会発足
	上信越自動車道・富岡インターチェンジ供用開始
	「法隆寺地域の仏教建造物」「姫路城」「屋久島」「白神山地」が日本初の世界遺産登録
	上毛新聞が「近代化遺産保存活用キャンペーン」を開始
	第18回世界遺産委員会において今後登録を推進すべき分野として「産業遺産」ほかが掲示される
	阪神・淡路大震災
	小寺弘之・群馬県知事再選
今井清二郎・富岡市長当選	
今井清二郎・富岡市長就任式	

富岡製糸場 関連年表

区分	和暦	西暦	月日	片倉工業関連
第3片倉期	平成2	1990	5 月	
			9 月 14 日	株式会社設立 70 周年記念・ニューカタクラチャレンジ 70 目標貫徹の日
			12 月 11 日	「おかいこの一生」写真 40 点、今井清二郎ほか片倉工業に寄贈
	平成3	1991	6 月 12 日	
			6 月 20 日	
			7 月 8 日	
			7 月 28 日	
			7 月 29 日	
			9 月 1 日	
			9 月 8 日	
			11 月	
	平成4	1992	3 月 31 日	
			10 月 4 日	
			11 月 10 日	
	平成5	1993	3 月 27 日	
			3 月 30 日	柳澤晴夫・代表取締役会長就任
			12 月 11 日	
			12 月 31 日	熊谷工場操業休止。蚕糸業 121 年の幕を閉じる
	平成6	1994	10 月	
			12 月	
	平成7	1995	1 月 17 日	
			7 月 23 日	
			9 月 10 日	
			9 月 21 日	

富岡製糸場および富岡市関連	世相・群馬県および世界遺産関連
片倉工業との定期情報交換会開始に伴い富岡市役所内に赤煉瓦プラン 21 委員会発足	
「ほのぼの群馬デスティネーションキャンペーン」開催	
	小寺弘之・群馬県知事三選
今井清二郎・富岡市長再選	
	上信越自動車道路全線開通
	清水慶一・上毛新聞のコラムに富岡製糸場は「世界遺産となっても一向におかしくない」と執筆
	「平泉」文化庁が世界遺産暫定リストに追加記載決定
	「石見」文化庁が世界遺産暫定リストに追加記載決定
	小寺弘之・群馬県知事四選
	小寺弘之群馬県知事が富岡製糸場について「世界遺産登録に向けた研究プロジェクト発足」を公表
今井清二郎・富岡市長三選	
	「富岡製糸場の世界遺産登録プロジェクト」発足
	政策課に世界遺産推進室設置（松浦利隆室長ほか計 4 名）
	「富岡製糸場世界遺産伝道師会」発足
「富岡製糸場　世界遺産登録推進委員会」が東京で初会議	
今井清二郎富岡市長、小寺弘之群馬県知事会談	

富岡製糸場 関連年表

区分	和暦	西暦	月日	片倉工業関連
第3片倉期	平成7	1995	9月22日	今井清二郎新富岡市長・津金澤正洋の案内で片倉工業本社へ表敬訪問・柳澤晴夫会長、清田雅義社長に初対面
	平成8	1996	1月30日	
			7月～9月	富岡製糸場外観見学許可
	平成9	1997	3月28日	柳澤晴夫・取締役相談役就任
	平成11	1999	3月30日	柳澤晴夫・相談役就任
			7月4日	
			9月5日	
			10月30日	
			11月23日	
	平成12	2000	11月	
	平成13	2001	3月29日	柳澤晴夫・退任
			4月	
	平成15	2003	2月8日	6時27分、柳澤晴夫、死去　79歳
			7月6日	
			8月25日	
			9月7日	
			12月	
	平成16	2004	4月	
			8月	
			10月6日	
			11月25日	

<table>
<tr><th>富岡製糸場および富岡市関連</th><th>世相・群馬県および世界遺産関連</th></tr>
<tr><td></td><td></td></tr>
<tr><td>「旧富岡製糸場」として国史跡に指定</td><td></td></tr>
<tr><td></td><td rowspan="2"></td></tr>
<tr><td>富岡市による富岡製糸場の暫定管理開始</td></tr>
<tr><td colspan="2">富岡製糸場建物の引き渡し式「感謝のつどい」開催。約 700 名の関係者、市民と記念撮影</td></tr>
<tr><td></td><td>「石見」推薦書（正式版）をユネスコに提出</td></tr>
<tr><td colspan="2">「旧富岡製糸場建造物群調査報告書」刊行</td></tr>
<tr><td colspan="2">今井清二郎・富岡市長選 533 票差落選　岩井賢太郎当選</td></tr>
<tr><td colspan="2">明治 8（1875）年以前築造の建造物が国の重要文化財指定</td></tr>
<tr><td colspan="2">文化庁が暫定リスト追加記載候補の公募を発表</td></tr>
<tr><td></td><td>「石見」イコモス現地審査</td></tr>
<tr><td colspan="2">小寺弘之群馬県知事が近藤信司文化庁長官に「富岡製糸場と絹産業遺産群」提案書提出</td></tr>
<tr><td></td><td>「平泉」推薦書（正式版）をユネスコに提出</td></tr>
<tr><td colspan="2">文化庁が「富岡製糸場と絹産業遺産群」を世界遺産暫定リストに追加記載決定</td></tr>
<tr><td>富岡製糸場内に片倉工業が記念碑を建立</td><td></td></tr>
<tr><td>今井清二郎が片倉工業・岩本謙三社長、清田政義会長、竹内彰雄専務、清水敏男常務に紙芝居「私の富岡製糸場物語」を上演</td><td rowspan="3"></td></tr>
<tr><td>富岡製糸場入場を有料化</td></tr>
<tr><td>「富岡製糸場解説員の会」組織化</td></tr>
<tr><td rowspan="4"></td><td>「石見」イコモスが「登録延期」と勧告</td></tr>
<tr><td>「石見」世界遺産委員会で登録決定</td></tr>
<tr><td>小寺弘之・群馬県知事落選　大澤正明当選</td></tr>
<tr><td>「平泉」イコモス現地審査</td></tr>
<tr><td colspan="2">「世界遺産フォーラム」開催。海外研究者が初めて富岡製糸場と絹産業遺産群を視察</td></tr>
<tr><td></td><td>「平泉」イコモスが「登録延期」と勧告</td></tr>
</table>

富岡製糸場 関連年表

区分	和暦	西暦	月日	片倉工業関連
第3片倉期	平成16	2004	12月21日	片倉工業、群馬県、富岡市の三者合意成立、片倉工業から富岡市への富岡製糸場の無償譲渡が決定
	平成17	2005	7月14日	
			7月28日	片倉工業と富岡市は富岡製糸場の敷地及び建物群に関する確認書を締結
			9月30日	片倉工業から富岡市に富岡製糸場敷地内の建物群を無償譲渡
富岡市期			10月1日	
			10月9日	
	平成18	2006	1月	富岡市と片倉工業、公有地化の契約締結（敷地を売却）
			2月	
			4月23日	
			7月5日	
			9月	
			10月	
			11月29日	
			12月	
	平成19	2007	1月23日	
			3月19日	
			同上	
			4月1日	
			4月	
			5月	
			6月	
			7月22日	
			8月	「写真集　富岡製糸場」刊行
	平成20	2008	3月	
			5月	

富岡製糸場および富岡市関連	世相・群馬県および世界遺産関連
	「平泉」世界遺産委員会で「登録延期」
	大澤正明群馬県知事、パリのユネスコ本部訪問
国際連合教育科学文化機関（ユネスコ）の世界遺産センターに正式推薦されることが決定	
富岡製糸場累計入場者数 50 万人達成	
「富岡製糸場を愛する会」が NPO 法人化	
	群馬県世界遺産学術委員会発足
	「平泉」推薦書（正式版）をユネスコに再提出
岡野光利・富岡市長当選	
	「平泉」イコモスが現地再調査
富岡製糸場累計入場者数 100 万人達成	
	小寺弘之死去　70 歳
	小寺弘之通夜
	小寺弘之告別式・小沢一郎弔辞
	小寺弘之叙勲
	小寺弘之県民葬
	清水慶一死去　60 歳
	東日本大震災
	「平泉」イコモスが「登録」と勧告
	「平泉」世界遺産委員会で登録決定
「シルクカントリーぐんま世界遺産キャンペーン」開催。 紙芝居「赤煉瓦ものがたり」の弁士として今井清二郎登壇	
	大澤正明・群馬県知事再選
天皇皇后両陛下・富岡製糸場行幸啓	
	「鎌倉」推薦書（正式版）をユネスコに提出
文化庁が「富岡製糸場と絹産業遺産群」を世界遺産登録に推薦決定	
	「鎌倉」イコモスが現地調査
「富岡製糸場と絹産業遺産群」推薦書（暫定版）をユネスコへ提出	
「富岡製糸場と絹産業遺産群」推薦書（正式版）をユネスコへ提出	
	「鎌倉」イコモスが「不記載（登録不可）」と勧告

富岡製糸場 関連年表

区分	和暦	西暦	月日	片倉工業関連
富岡市期	平成 20	2008	6 月	
			6 月	
			8 月 23 日	
			9 月 5 日	
	平成 21	2009	5 月	
			9 月	
	平成 22	2010	1 月	
			4 月 11 日	
			9 月	
			10 月 27 日	
			12 月 21 日	
			12 月 25 日	
			12 月 26 日	
	平成 23	2011	1 月 14 日	
			2 月 8 日	
			2 月 20 日	
			3 月 11 日	
			5 月	
	平成 23	2011	6 月	
			6 月 25 日	
			7 月 3 日	
			8 月 23 日	
	平成 24	2012	1 月	
			7 月 12 日	
			9 月	
			9 月 25 日	
	平成 25	2013	1 月 31 日	
			4 月	京橋本社ビル跡地に東京スクエアガーデンオープン

富岡製糸場および富岡市関連	世相・群馬県および世界遺産関連
イコモス（国際記念物遺跡会議）による現地調査	
岩井賢太郎・富岡市長再選	
イコモスより「富岡製糸場と絹産業遺産群」は世界遺産に「登録」勧告	
富岡製糸場累計入場者数 200 万人達成	
第 38 回世界遺産委員会で「富岡製糸場と絹産業遺産群」が世界遺産に正式登録	
今井清二郎・片倉工業本社にて社長、役員、課長以上 33 名の前で紙芝居「赤れんが物語」を上演	
富岡製糸場月間入場者数 177,071 人達成（最多記録）	
繰糸所、西置繭所、東置繭所の 3 棟が国宝に指定	
富岡製糸場累計入場者数 300 万人達成	
	大澤正明・群馬県知事三選
富岡製糸場累計入場者数 400 万人達成	
今井清二郎・絵本「赤れんがものがたり」刊行	
富岡製糸場累計入場者数 500 万人達成	
映画「紅い襷～富岡製糸場物語～」完成披露試写会	
榎本義法・富岡市長当選	
	山本一太・群馬県知事当選
	全国に新型コロナウイルス感染症緊急事態宣言発令
新型コロナウイルス感染症緊急事態宣言発令に伴い休場（61 日間）	
国宝「西置繭所」グランドオープン	
日本イコモス賞 2020 受賞	
2021 年照明デザイン賞・優秀賞受賞	
富岡製糸場累計入場者数 700 万人達成	
日本空間デザイン賞 2021 金賞受賞	
榎本義法・富岡市長再選	

富岡製糸場 関連年表

区分	和暦	西暦	月日	片倉工業関連
富岡市期	平成 25	2013	9 月 25 日	
	平成 26	2014	4 月 13 日	
			4 月 26 日	
			5 月 12 日	
			6 月 21 日	
			9 月 17 日	
			11 月 30 日	
			12 月 10 日	
			12 月 17 日	
	平成 27	2015	7 月 5 日	
			10 月 19 日	
	平成 28	2016	8 月 31 日	
			11 月 12 日	
	平成 29	2017	6 月 25 日	
	平成 30	2018	4 月 15 日	
	令和元	2019	7 月 21 日	
	令和 2	2020	4 月 16 日	
			4・5 月	
			10 月 3 日	
	令和 3	2021	2 月 10 日	
			5 月	
			6 月 8 日	
			11 月	
	令和 4	2022	4 月 17 日	

富岡製糸場および富岡市関連	世相・群馬県および世界遺産関連
日本建築学会賞（業績）日本建築学会賞（作品）W受賞	
富岡製糸場開業150周年記念式典	
文化庁が「富岡製糸場を中心とした文化観光拠点計画」を認定	
	山本一太・群馬県知事再選
群馬県知事と、富岡市、伊勢崎市、藤岡市、下仁田町の各首長による「世界遺産トップ会議」開催	
	能登半島地震
世界遺産登録10周年記念式典	

富岡製糸場 関連年表

区分	和暦	西暦	月日	片倉工業関連
富岡市期	令和4	2022	4 月	
			10月 1 日	
	令和5	2023	1 月 29 日	
			7 月 23 日	
			12 月 26 日	
	令和6	2024	1 月 1 日	
			1 月 24 日	企業理念刷新。通称社名「カタクラ」採用
			6 月	

「石見」＝「石見銀山遺跡とその文化的景観」
「平泉」＝「平泉─仏国土（浄土）を表す建築、庭園及び考古学的遺跡群」
「鎌倉」＝「古都鎌倉の寺院・神社ほか」

装丁　緒方 修一
カバー・表紙・扉・帯写真撮影　稲葉なおと
協力　富岡 市

【著者略歴】

稲葉 なおと（いなば・なおと）
紀行作家・一級建築士
東京工業大学建築学科卒業後、建築家、建築プロデューサーとして実績を積んだのちに、世界の名建築ホテル旅行記『まだ見ぬホテルへ』で紀行作家としてデビュー。マリオット・インターナショナル・ゴールデンサークル・アワード（ワシントンDC）受賞。インド旅行記『遠い宮殿』でJTB紀行文学大賞奨励賞受賞。
その後もノンフィクション、小説、児童小説、写真集と活躍の場を広げ、国内外の名建築の知られざる物語や魅力を掘り起こす。ノンフィクション『夢のホテルのつくりかた』『匠たちの名旅館』、小説『ホシノカケラ』『0マイル』、児童小説『サクラの川とミライの道』（埼玉県推薦図書）、『ドクター・サンタの住宅研究所』、写真集『津山　美しい建築の街』など著書多数。
永年に及ぶ建築文化の発展と啓発に関する貢献により、日本建築学会文化賞受賞。

絹（きぬ）の襷（たすき）
——富岡製糸場に受け継がれた情熱

2024年6月10日　初版第1刷発行

著　者————稲葉なおと
発行者————大野友寛
発行所————慶應義塾大学出版会株式会社
〒108-8346　東京都港区三田2-19-30
TEL〔編集部〕03-3451-0931
〔営業部〕03-3451-3584〈ご注文〉
〔　〃　〕03-3451-6926
FAX〔営業部〕03-3451-3122
振替　00190-8-155497
https://www.keio-up.co.jp/
印刷・製本——株式会社理想社
カバー印刷——株式会社太平印刷社

Printed in Japan　ISBN 978-4-7664-2970-1